Eberhard Urban

Kreuzfahrtschiffe

Vom Vergnügen, auf Meeren und Flüssen zu reisen

© KOMET Verlag GmbH, Köln
www.komet-verlag.de
Covermotiv: „Europa", Hapag-Lloyd Kreuzfahrten
Rückseite: „Queen Victoria", Cunard Line
Text und Bildauswahl: Eberhard Urban
Gesamtherstellung: KOMET Verlag GmbH, Köln
ISBN 978-3-89836-901-5

Inhaltsverzeichnis

Zu diesem Buch

Das Vergnügen, an Bord schöner Schiffe über die Meere zu fahren, dabei fremde und ferne Länder, ihre Menschen und Kulturen kennenzulernen, ist grenzenlos. Solche Reisen, die nicht dazu dienen, so schnell wie möglich ein bestimmtes Ziel zu erreichen, wurden erstmals vor der Wende zum 20. Jahrhundert veranstaltet. Weg und Ziel wurden eins.

Ein solches Vergnügen war früher nur gut betuchten Touristen vergönnt. Zudem pflegten in der Vergangenheit nur ältere Herrschaften auf Kreuzfahrt zu gehen. Das hat sich längst geändert: Heute treffen sich bei Kreuzfahrten alle Generationen an Bord. Weil das Angebot zu Freizeit und Spaß, Sport und Unterhaltung auf den Schiffen so vielfältig ist, kommen alle auf ihre Kosten. Kreuzfahrten kosten heute auch kein Vermögen mehr: Wer sich einen Urlaub leisten kann, der kann in aller Regel auch eine Kreuzfahrt buchen.

Kreuzfahrten sind so beliebt, dass die Reedereien und Reiseveranstalter immer wieder neue Schiffe in Dienst stellen. Gleich welche Ansprüche die Reisenden stellen: Bei kleinen oder großen Fahrten auf allen Meeren der Welt gibt es für jeden das passende Schiff und die richtige Reise.

Immer beliebter werden die Flusskreuzfahrten: Sie lassen die bedeutenden europäischen Wasserwege oder Ströme wie den Nil oder den Amazonas zu einem ganz besonderen Erlebnis werden. Die vergangene Romantik der Seefahrt wird auf den Kreuzfahrtschiffen unter Segeln wieder lebendig.

Dieses Buch lässt die faszinierende Geschichte der Kreuzfahrtschiffe Revue passieren – vom ersten Schiff, das für Kreuzfahrten gebaut wurde, bis zu den Cruisern der Gegenwart und Zukunft.

Die „Norwegian Star" ist ein Freestyle Cruiser, der 2001 auf der Meyer Werft in Papenburg gebaut wurde.

Geschichte der Kreuzfahrt bis zum Zweiten Weltkrieg

Eine Kreuzfahrt ist eine Vergnügungsreise an Bord eines Schiffs, das mit seinen Fahrgästen planmäßig kreuz und quer übers Meer fährt und verschiedene Häfen anläuft. Verschiedene Veranstalter erheben den Anspruch, die erste Kreuzfahrt durchgeführt zu haben.

Zum Beispiel unternahm der englische Schriftsteller William Makepeace Thackerey 1844 im Auf-

„Kronprinzessin Cecilie", 1906 für die Hapag gebaut, war bis 1926 auch als Kreuzfahrtschiff in Dienst.

trag der P&O Line auf verschiedenen Schiffen eine Mittelmeerfahrt, um darüber zu berichten. Obwohl P&O diese Reise als „the first cruising" bezeichnete, war dies allerdings keine Kreuzfahrt. Auch die Fahrt mit der „Quaker City" 1867 von den USA ins Mittelmeer, an der Mark Twain teilnahm, war keine Kreuz-, sondern eine Charterfahrt. Die Nordlandreisen des norwegischen Küstendampfers „Praesident Christie" von 1875 bis 1877 können dagegen als Kreuzfahrten gelten, ebenso die Fahrten des Küstendampfers „Wanaka", die

er zusätzlich zum Liniendienst in Neuseeland ab 1875 unternahm.

Der 1858 gebaute Dampfer „Ceylon" wurde 1882 zu einem Kreuzfahrtschiff umgebaut. 1884 unternahm die „Ceylon" die erste Weltreise eines Kreuzfahrtschiffs.

In Deutschland begann die Geschichte der Kreuzfahrt mit dem Postdampfer „Kaiser Wilhelm II", der 1890 eine Kreuzfahrt in die norwegischen Fjorde unternahm. Im Jahr darauf ging die „Augusta Victoria" der Hamburg-Amerika Linie auf Mittelmeer-Kreuzfahrt.

Albert Ballin, der 1899 zum General-direktor der Hapag berufen worden war, hatte aufgrund der erfolgreichen Kreuzfahrten seiner Schiffe „Augusta Victoria" und „Fürst Bismarck" die Idee, „einen Dampfer erbauen zu lassen, der lediglich für solche Vergnügungsreisen zur See bestimmt ist. Es soll also eine große Yacht erbaut werden, welche weder Ladung noch Post befördert und nur für die Aufnahme von Reisenden erster Classe eingerichtet ist. Dieses, wie gesagt, ganz eigenartige Fahrzeug wird den Passagieren einen Comfort bieten, wie er bisher auf Schiffen niemals erreicht worden ist."

Der 121,92 Meter lange Doppelschraubendampfer für 192 Passagiere und 161 Mann Besatzung wurde bei Blohm & Voss in Hamburg gebaut und 1900 abgeliefert. Die Jungfernreise führte die „Prinzessin Victoria Luise", wie die „Lustyacht" nach der einzigen Tochter Kaiser Wilhelms II. getauft wurde, im Januar 1901 nach New York.

Bei einer Kreuzfahrt in der Karibik wollte der Kapitän des Luxusschiffes am 16. Dezember 1906 in den Hafen von Kingston, der Hauptstadt Jamaikas, ohne Hilfe einlaufen. Der 1. Offizier konnte sich gegen den Kapitän nicht durchsetzen. Das Schiff lief auf eine Sandbank auf und saß fest. Der Kapitän ging in seine Kabine und erschoss sich. Die Mannschaft brachte sämtliche Passagiere sicher an Land. Durch ein Seebeben am 14. Januar 1907 mussten alle Versuche, das stolze Hapag-Schiff zu bergen, aufgegeben werden.

„Prinzessin Victoria Luise" war 1900 das erste eigens für die Kreuzfahrt gebaute Schiff.

Bei seiner Indienststellung im Jahr 1906 war die „Kaiserin Auguste Victoria" der größte Dampfer der Welt und zugleich das luxuriöseste Schiff der Hapag. 1905 bei Vulcan in Stettin vom Stapel gelaufen, konnte das 214,9 Meter lange Schiff mit einer Besatzung von 593 Mann im Atlantik-Liniendienst fast 3.000 Passagiere befördern. 1912 brach es zu einer Kreuzfahrt von New York ins Mittelmeer auf.

Nach dem Ersten Weltkrieg wurde das Schiff 1919 an Großbritannien abgeliefert und fuhr fortan als „Empress of Scotland" für die Canadian Pacific Line, für die es auch Mittelmeer-Kreuzfahrten und Weltreisen unternahm. 1930 wurde die einstige „Kaiserin" zum Abwracken verkauft, brannte aus und sank.

„Kaiserin Auguste Victoria", Baujahr 1905, fuhr seit 1919 als „Empress of Scotland" unter kanadischer Flagge.

„Peer Gynt", „Oceana" und andere Namen trug dieses 1912 gebaute Schiff, das nach einer wechselvollen Geschichte 1963 in Wladiwostok abgewrackt wurde.

1924 ging das Luxusschiff an eine Reederei in Genua, die es „Neptunia" nannte.

1927 erwarb die Hapag das Schiff, die es umbaute und als „Oceana" wieder in der Kreuzfahrt einsetzte.

Ab 1934 als KdF-Dampfer in Fahrt, wurde das Schiff ab 1939 von der Kriegsmarine benutzt. 1945 beschlagnahmten die Briten das Schiff, die es in „Empire Tarne" umtauften. 1946 wurde der Dampfer an die Sowjetunion abgeliefert, wo er bis 1963 als „Sibir" in Dienst war.

Das erste deutsche Luxuskreuzfahrtschiff nach dem Ersten Weltkrieg war die „Peer Gynt". Der 139,6 Meter lange Dampfer wurde bereits 1912 bei der Bremer Vulkan-Werft in Vegesack gebaut und ging im Februar 1913 als „Sierra Salvada" für den Norddeutschen Lloyd auf Südamerikafahrt, bis er wegen des Ersten Weltkriegs im August 1914 in Rio de Janeiro aufgelegt wurde. Im Juli 1917 wurde das Schiff von Brasilien beschlagnahmt und in „Avaré" umbenannt. Nach dem Krieg zunächst für den Lloyd Brasileiro im Liniendienst nach Hamburg eingesetzt, wurde das Schiff 1923 bei der Vulcan-Werft in Hamburg für die Reederei von Viktor Schuppe in Stettin zum eleganten Kreuzfahrtschiff „Peer Gynt" umgebaut. Die erste Kreuzfahrt führte nach Norwegen.

„Cap Polonia", Baubeginn 1914, wurde in den 1920er-Jahren in der Südamerika-Kreuzfahrt eingesetzt.

Die „Cap Polonia" wie auch die kleinere „Espana" waren Fracht- und Passagierschiffe der Hamburg-Südamerikanischen Dampfschifffahrts-Gesellschaft. Der Bau der Schiffe hatte schon 1914 begonnen. Nach dem Baustopp wegen des Beginns des Ersten Weltkriegs wurde die „Cap Polonia" 1915 zum Hilfskreuzer „Vineta" umgerüstet, bis 1916 wieder zum Handelsschiff umgebaut, aufgelegt und 1919 nach Großbritannien abgeliefert.

1921 kaufte die Reederei Hamburg-Süd das Schiff zurück, modernisierte es und gab ihm eine luxuriöse Innenausstattung. Ab 1922 ging die „Cap Polonia" auf lange Südamerika-Kreuzfahrten. 1931 wurde das Schiff außer Dienst gestellt und schließlich 1935 verschrottet.

Der Norddeutsche Lloyd in Bremen
ließ 1914 bei Schichau in Danzig
einen Dampfer auf Kiel legen, der
nach dem Generalfeldmarschall Paul
von Hindenburg benannt werden
sollte. Der Erste Weltkrieg verzö-
gerte den Bau, erst 1923 wurde das
Schiff als „Columbus" in Dienst gestellt. Das elegante, 236,2 Meter
lange stolze Flaggschiff der Reederei
NDL lief 1924 zu seiner Jungfernreise nach New York aus und ging
1927 von New York aus auf seine
erste Kreuzfahrt.

Im August 1939, das national-
sozialistische Deutschland stand
kurz davor, den Zweiten Weltkrieg
zu beginnen, kreuzte die „Columbus"
in der Karibik. Die zumeist amerikanischen Passagiere wurden in Ha-

vanna ausgeschifft. Der Dampfer lief
nach Veracruz in Mexiko. Mitte Dezember sollte der Blockadedurchbruch erfolgen und die „Columbus"
nach Deutschland zurückkehren.
Im Atlantik wurde das Schiff jedoch
vom Kreuzer „USS Tuscaloosa" der
US Navy verfolgt, der seine Position
an den britischen Zerstörer „HMS
Hyperion" funkte, der die „Columbus" am 19. Dezember stellte. Da-
raufhin setzte die Besatzung der
„Columbus" das Schiff in Brand und
versenkte es. Die „Tuscaloosa" nahm
die deutsche Mannschaft auf und
brachte sie nach New York.

An die Reederei Hamburg-Süd wurde 1927 von Blohm & Voss das Passagierschiff „Cap Arcona" abgeliefert. Das 205,9 Meter lange Schiff unternahm seine Jungfernfahrt nach La Plata. Im folgenden Jahr wurde die erste Kreuzfahrt von Buenos Aires nach Rio de Janeiro veranstaltet. Das Luxusschiff der Sonderklasse führte bis zum Ausbruch des Zweiten Weltkriegs 1939 noch 16 weitere Kreuzfahrten durch, wurde dann in Hamburg aufgelegt und Wohnschiff für die Kriegsmarine.

Um die Naziverbrechen zu vertuschen, wurden im April 1945 Tausende von Häftlingen aus dem Hamburger KZ Neuengamme und schlesischen Lagern nach Lübeck getrieben und von dort aus auf die manövrierunfähig in der Lübecker Bucht lagernde „Cap Arcona" transportiert. Am 3. Mai 1945 griffen britische Jagdbomber, die von diesem Vorgang nichts wussten, das Schiff an. Von den etwa 4500 KZ-Häftlingen an Bord überleben nur rund 350.

Der Ozeanriese „Cap Arcona", Baujahr 1927, unternahm Südamerika-Kreuzfahrten. Das Schiff wurde kurz vor Ende des Zweiten Weltkriegs in der Lübecker Bucht für Tausende KZ-Häftlinge zum Grab.

Seit den 1920er-Jahren ließen die Reedereien ihre Passagierschiffe so bauen, dass sie auch als Kreuzfahrtschiffe eingesetzt werden konnten. So ging auch die „Ile de France" seit 1933 auf Vergnügungsreisen. Der 1927 für die Compagnie Générale Transatlantique in Dienst gestellte 241,7 Meter lange Luxusliner setzte neue Maßstäbe in der Nordatlantikfahrt.

Nach Beginn des Zweiten Weltkriegs wurde die „Ile de France" als Truppentransporter an die Briten verchartert. Seit 1949 war sie wieder in zivilem Dienst. 1956 rettete sie 750 Überlebende der an der Küste vor New York von der „Stockholm" gerammten „Andrea Doria". 1959 zum Verschrotten nach Japan verkauft, diente der Dampfer noch als Kulisse in dem Katastrophenfilm „Höllenfahrt".

Die „Ile de France" wurde 1927 in Dienst gestellt und ging ab 1933 auf Kreuzfahrt.

Schon seit 1930 ging die „Britannic",
ein 214 Meter langes Motorschiff
der White Star Line in Liverpool,
auch auf Kreuzfahrt. In der 1929
einsetzenden Weltwirtschaftskrise
sanken die Passagierzahlen im Liniendienst rapide. Um die Schiffe
nicht aufzulegen oder gar zu verschrotten, boten viele Reedereien
preisgünstige Kreuzfahrten an.

Als Folge der Weltwirtschaftskrise fusionierte 1934 die Reederei
mit der Cunard Line in Southampton. Kurz vor Ausbruch des Zweiten
Weltkriegs wurde die „Britannic"
1939 zum Truppentransporter umgerüstet. Nach dem Krieg wurde das
Schiff modernisiert und war – immer noch mit ihren ersten Diesel-
motoren – bis 1960 wieder in der
Handelsschifffahrt unterwegs.

*Die 1930 in Dienst gestellte „Britannic" ging für die White Star Line und die
Cunard Line auf Kreuzfahrt.*

Für die Nordatlantikfahrt ließ die Hapag in den 1920er-Jahren neun Schiffe bauen, die zum Teil mit ihren Namen auf die Verbindung zu den USA hinwiesen. Eines dieser Schiffe wurde nach dem bedeutenden deutschstämmigen US-amerikanischen General, Historiker und Staatsmann Carl Schurz bei Blohm & Voss in Hamburg zunächst unter dessen Namen auf Kiel gelegt, 1929 jedoch schließlich als „Milwaukee" abgeliefert. Schon im Jahr darauf ging es von Philadelphia aus auf seine erste Kreuzfahrt in die Karibik. 1934 erhielt die „Milwaukee" einen weißen Rumpfanstrich, 1935 wurde sie umgebaut, um fortan ausschließlich als Kreuzfahrtschiff eingesetzt zu werden.

Ab 1940 diente die „Milwaukee" als Kaserne für die Kriegsmarine. 1945 wurde das Schiff an die Briten abgeliefert und als „Empire Waveney" von der Cunard Line bereedert. 1946 brannte das Schiff in Liverpool aus.

Die „Milwaukee", Baujahr 1929, diente ab 1935 ausschließlich als Kreuzfahrtschiff.

Das ölgefeuerte Turbinenschiff „Bremen", 1927/28 bei der AG Weser für den Norddeutschen Lloyd gebaut, errang schon mit seinen ersten Fahrten 1929 und nochmals 1933 das Blaue Band für die schnellste Atlantiküberquerung in West- und Ostrichtung.

Die erste Kreuzfahrt führte die „Bremen" 1937 von New York zu den Bahamas. Bei einer Südamerika-Kreuzfahrt 1939 durchfuhr der 286,1 Meter lange Vierschrauben-Schnelldampfer als erstes Schiff dieser Größe den Panamakanal.

Zwei Tage vor Beginn des Zweiten Weltkriegs, am 30. August 1939, fuhr die „Bremen" ohne Passagiere von New York zum russischen Hafen Murmansk. Drei Monate später gelang ihr bei nebligem Wetter der

Blockadedurchbruch nach Bremerhaven. Ab 1940 diente sie als Wohnschiff für die Kriegsmarine. 1941 brannte das einst so schöne und stolze Schiff aus und wurde bis 1946 verschrottet.

„Bremen", ein Vierschrauben-Schnelldampfer des Norddeutschen Lloyd, wurde 1929 in Dienst gestellt und gewann im selben Jahr das Blaue Band als schnellstes Schiff auf der Transatlantik-Route Europa–New York.

Die 1930 fertiggestellte „Europa" ging ab 1936 für den Norddeutschen Lloyd auf Kreuzfahrt.

Das Turbinenschiff „Europa", 1930 bei Blohm & Voss in Hamburg fertiggestellt, war mit 270,7 Metern Länge nur ein wenig kürzer als ihr ein Jahr zuvor beim Norddeutschen Lloyd in Dienst gestelltes Schwesterschiff „Bremen". Schon bei ihrer Jungfernfahrt nach New York errang das schöne und schnelle Luxusschiff das Blaue Band. Von New York lief der Schnelldampfer 1936 zu seiner ersten Kreuzfahrt zu den Bermuda-Inseln aus.

Während des Zweiten Weltkriegs teilte die „Europa" das Schicksal vieler anderer Ozeanriesen und wurde vom Militär okkupiert. Das Luxusschiff wurde Wohnschiff für die Kriegsmarine und lag in Wesermünde, sollte erst an der geplanten Eroberung Englands teilnehmen und schließlich zu einem Flugzeugträger umgebaut werden.

Nach dem Ende des Kriegs diente die „Europa" als „AP 177" zunächst 1945 den Amerikanern als Truppentransporter und wurde dann 1946 Frankreich zugesprochen.

1950 in „Liberté" umbenannt, fuhr das Schiff bis 1961 von Le Havre nach New York im Liniendienst. 1962 wurde es schließlich abgewrackt.

„Monte Rosa" ging seit 1931 für die Hamburg-Südamerikanische Dampf-schiffahrts-Gesellschaft auf Kreuz-fahrt.

Die Hamburg-Südamerikanische Dampfschiffahrts-Gesellschaft – kurz: Hamburg-Süd – stellte 1931 zwei Motorschiffe in Dienst. Die Schwesterschiffe „Monte Rosa" und „Monte Pascoal" waren bei Blohm & Voss gebaut worden, waren je 159,7 Meter lang und wurden bis 1938 überwiegend in der Kreuzfahrt ein-gesetzt.

Beide Schiffe wurden 1940 von der Kriegsmarine benutzt. Die „Mon-te Pascoal" erhielt 1944 Bomben-treffer, wurde gehoben, nach dem Krieg mit Gasmunition beladen und versenkt.

Die „Monte Rosa" diente als Wohn-, Werkstatt- und Lazarett-schiff sowie als Flüchtlingstranspor-ter. 1945 an Großbritannien abgelie-fert, ging sie fortan als „Empire Windrush" auf Fahrt. 1954 geriet das Schiff nordwestlich von Algier in Brand und sank.

Nach dem Verbot der Gewerkschaften und der Verfolgung der Gewerkschafter schufen die Nationalsozialisten 1933 die Deutsche Arbeitsfront. Eine Unterorganisation, die im Interesse des NS-Regimes für die Urlaubs- und Freizeitgestaltung der Arbeiter und Angestellten zuständig war, war „Kraft durch Freude" (KdF). KdF veranstaltete auch Seereisen auf Schiffen verschiedener Reedereien,

kaufte Schiffe an und ließ zwei Schiffe bauen. Das eine dieser Schiffe war die „Robert Ley", das andere die „Wilhelm Gustloff", die 1938 von Blohm & Voss in Hamburg abgeliefert wurde. Das 208,55 Meter lange Motorschiff konnte 1463 Passagiere an Bord nehmen.

Nach wenigen Kreuzfahrten wurde die „Wilhelm Gustloff" nach dem Beginn des Zweiten Weltkriegs

1939 Lazarettschiff und 1940 Wohnschiff der Kriegsmarine. Am 30. Januar 1945, dem Jahrestag der „Machtergreifung" der Nazis, die an diesem Tag vor zwölf Jahren die Regierungsgewalt im Deutschen Reich übertragen bekamen, lief die „Wilhelm Gustloff" von Gotenhafen aus, um über die Ostsee nach Schleswig-Holstein zu gelangen. An Bord waren etwa 6600 Menschen, davon etwa 5000 Flüchtlinge. Von Torpedos des sowjetischen U-Boots „S 13" getroffen, kenterte das Schiff. Nur 1252 Menschen konnten von den herbeigerufenen Schiffen gerettet werden.

Das 1938 fertiggestellte KdF-Schiff „Wilhelm Gustloff" wurde am 30. Januar 1945 durch ein sowjetisches U-Boot versenkt.

Im Jahr 1938 – dem letzten Friedensjahr vor dem Zweiten Weltkrieg – gebaut, sollte die „Queen Elizabeth" als Partnerin der „Queen Mary" im Liniendienst eingesetzt werden. Doch zunächst musste das 314,25 Meter lange Schiff ab 1940 als Truppentransporter dienen. Bei diesen Fahrten konnte die „Queen Elizabeth" auf Begleitschutz verzichten: Mit ihrer Geschwindigkeit von 29 Knoten entkam sie jedem feindlichen Schiff.

Nach dem Zweiten Weltkrieg wurde die „Queen Elizabeth" ab 1946 im zivilen Dienst zwischen Southampton und New York eingesetzt. Außerdem unternahm sie Kreuzfahrten. 1968 außer Dienst gestellt, wurde sie von der Cunard Line nach Hongkong verkauft und dort in eine schwimmende Universität umgewandelt. 1972 brannte die „Seawise University" während Umbauarbeiten aus.

„Queen Elizebeth", ein Cunard Liner von 1938, ging nach dem Zweiten Weltkrieg auf Kreuzfahrt.

Neubeginn nach 1945

Nach dem Zweiten Weltkrieg waren viele Länder zerstört und weit über 60 Millionen Menschenleben zu beklagen. Der Ruf „Nie wieder Krieg! Nie wieder Faschismus!" gab der Friedenssehnsucht, dem Wunsch nach Völkerverständigung und Völkerfreundschaft Ausdruck. Als durch den Wiederaufbau der zerstörten Länder Europas langsam das Leben wieder in normalen Bahnen verlief und sich immer mehr Menschen Urlaub und Ferienfahrten leisten konnten, erlebte die Kreuzfahrt einen Neubeginn. Eine der schönsten Möglichkeiten, aus dem Alltagstrott und der anstrengenden Arbeit für eine gewisse Zeit zu entfliehen, war eine Vergnügungsreise auf See.

„Hanseatic", 1929 gebaut, wurde 1958 in ein Kreuzfahrtschiff umgewandelt.

Zunächst wurden für die Kreuzfahrten Schiffe aus der Vorkriegszeit in Dienst gestellt. Als Beispiel sei hier die „Hanseatic" genannt, die schon 1929 in Glasgow für die Canadian Pacific Line gebaut und zunächst „Empress of Japan" getauft wurde. Die Hamburg-Atlantic Linie kaufte das Turbinenschiff 1958 und ließ es bei den Howaldtswerken zur „Hanseatic" umbauen. Die Jungfernreise führte das Schiff von Cuxhaven über Le Havre und Southampton nach New York. 1959 brach der Luxusliner zu seiner ersten Kreuzfahrt auf. 1966 beschädigte ein Brand das Schiff, das in Hamburg verschrottet werden musste.

Wegen des zunehmenden Wohlstands eines Teils der Bevölkerung in aller Welt konnten bald zu den vorhandenen und umgebauten Schiffen Neubauten in Dienst gestellt werden. Dabei handelte es sich um moderne Motorschiffe, welche die Dampfschiffe auf den Meeren der Welt verdrängten. Diese Entwicklung soll auf den folgenden Seiten nachgezeichnet werden.

„Berlin" und „Bremen" (hinten), zwei Schiffe aus der Vorkriegszeit, die nach dem Zweiten Weltkrieg unter deutscher Flagge fuhren.

Die Passagierschifffahrt musste nach 1945 zunächst Schiffe in Dienst stellen, die vor und während des Zweiten Weltkriegs gebaut worden waren. So übernahm zum Beispiel der Norddeutsche Lloyd 1955 die „Gripsholm" und taufte sie in „Berlin" um.

Dieses 179,83 Meter lange Motorschiff war 1925 bei Armstrong in Newcastle für die Schwedisch-Amerikani-

sche Linie in Göteborg gebaut worden und 1954 zur Bremen-Amerika Linie gelangt. Als „Berlin" unternahm sie 1955 ihre erste Kreuzfahrt. Das Schiff war bis 1966 in Fahrt.

1957 kaufte der Norddeutsche Lloyd den Turbinendampfer „Pasteur", der 1939 in Saint-Nazaire gebaut worden war. Das 212,4 Meter lange Schiff wurde beim Bremer Vulkan umgebaut und unternahm als „Bremen" 1959 seine erste Reise nach New York. Ab 1960 wurden mit der „Bremen" Kreuzfahrten durchgeführt. 1970 fusionierten der Norddeutsche Lloyd und die Hapag zur Großreederei Hapag-Lloyd.

1972 wurde die „Bremen" nach Griechenland verkauft: Als „Regina Magna" war der Passagierdampfer noch bis 1977 in Fahrt. Anschließend wurde der Ex-Liner als Wohnschiff genutzt. 1980 schlug das Schiff, das zum Abwracken geschleppt wurde, leck und versank im Meer.

Erholung zur See

AUF DER WEISSEN

»ARIADNE«

1957 kaufte die Hapag von der Svenska Lloyd in Göteborg den Turbinendampfer „Patricia". Dieses Fährschiff war 1951 bei Swan, Hunter & Wigham Richardson in Newcastle gebaut worden. Das 138,39 Meter lange Schiff war schon in Charter für Hapag auf Kreuzfahrten gegangen. Bei Blohm & Voss wurde der Dampfer zum reinen Kreuzfahrtschiff umgebaut, das 1958 als „Ariadne" seine erste Fahrt von Hamburg zu den Kanarischen Inseln und nach Genua unternahm. Damit war die „Ariadne" der erste Neubau eines Kreuzfahrtschiffs, das nach dem Zweiten Weltkrieg unter deutscher Flagge auf Fahrt ging. In der Folge steuerte die „Ariadne" auch Ziele im kühlen Norden an – Kreuzfahrten führten das Schiff unter anderem nach Island, Spitzbergen und Norwegen.

1960 gelangte die schöne „Ariadne" in die USA, wo das Schiff von verschiedenen Firmen bereedert und schließlich 1997 als „Empress 65" zum Abwracken verkauft wurde.

Die „Ariadne" war 1958 das erste Kreuzfahrtschiff der Hapag.

„Nordstjernen", Baujahr 1956, ist das älteste Hurtigruten-Schiff in Fahrt.

Das älteste heute noch eingesetzte Schiff der Reederei ist die 80,77 Meter lange „Nordstjernen", die 1956 bei Blohm & Voss gebaut wurde. Immer wieder renoviert und mit den neuesten Sicherheitsvorrichtungen ausgestattet, geht das Traditionsschiff auf die 2500 Seemeilen lange Strecke an Norwegens Westküste entlang.

Die anderen Hurtigruten-Schiffe sind „Lofoten" (Baujahr 1964), „Vesteralen" (1983), „Kong Harald" (1993), „Richard With" (1993), „Nordlys" (1994), „Nordkapp" (1996), „Polarlys" (1996), „Nordnorge" (1997), „Finnmarken" (2002), „Trollfjord" (2002), „Midnatsol" (2003).

Die norwegische Reederei Hurtigruten („Die schnelle Linie") in Bergen stellte 1893 ihr erstes Schiff in Dienst. Heute verkehren Schiffe dreier Generationen auf der Hurtigroute zwischen Bergen und Kirkenes, wobei das Nordkap umrundet wird. Hurtigruten-Schiffe fahren nach Spitzbergen, Grönland, in die Arktis und in die Antarktis.

Um die 1956 nach einer Kollision mit dem schwedischen Schiff „Stockholm" im Nebel vor der Nordostküste der USA gesunkene „Andrea Doria" zu ersetzen, ließ die Italian Line in Genua 1960 bei Ansaldo die 233,9 Meter lange „Leonardo da Vinci" bauen. Zusätzlich zum Liniendienst zwischen Genua sowie ab 1965 Neapel und New York ging das elegante Schiff einen Teil des Jahres auf Kreuzfahrten. Trotzdem konnte der Ozeanriese gegen die Konkurrenz der Fluggesellschaften nicht bestehen und musste staatlich subventioniert werden. 1976 von der Costa Line übernommen, wurde die „Leonardo da Vinci" 1978 außer Dienst gestellt. An Bord brach ein Feuer aus, das Schiff wurde versenkt, gehoben und verschrottet.

„Leonardo da Vinci", ein italienisches Linien- und Kreuzfahrtschiff von 1960.

27

Im Jahr 1960 übernahm der Freie Deutsche Gewerkschaftsbund der DDR die „Stockholm", die 1956 in einer Nebelbank nahe Nantucket mit der „Andrea Doria" kollidiert war, und stellte das Schiff als „Völkerfreundschaft" in Dienst. Es fuhr als Urlauberschiff des FDGB, die erste Kreuzfahrt führte ins Schwarzmeer. 1985 wurde das Schiff nach Panama abgegeben.

Von 1959 bis 1961 wurde bei der Mathias-Thesen-Werft in Wismar das 141,47 Meter lange FDGB-Urlauberschiff „Solidariät" für 379 Passagiere gebaut, das dann den Namen „Fritz Heckert" erhielt. Die erste Kreuzfahrt führte durch die Ostsee. Bereedert wurde das Schiff von VEB Deutsche Seereederei, Rostock. 1972 wurde es Wohnschiff in Stralsund, später in Dubai. 1999 wurde es verschrottet.

Die „Fritz Heckert" wurde 1961 als zweites Urlauberschiff des FDGB nach der „Völkerfreundschaft" in Dienst gestellt.

Die „Alexander Puschkin" wurde 1965 von der Mathias-Thesen-Werft in Wismar an die Baltic Shipping Co., Leningrad, abgeliefert. Das 176,3 Meter lange Schiff ging weltweit auf Kreuzfahrt. Von 1979 bis 1984 war es bei Transocean Tours in Bremen in Vollcharter. 1985 gelangte das Schiff zur Far Eastern Shipping Co., Wladiwostok.

Die „Alexander Puschkin" ging für CTC Cruises ab Sidney auf Kreuzfahrten. 1991 übernahm die Orient-Lines-Reederei das Schiff und ließ es grundlegend umbauen. Unter dem Namen „Marco Polo" ging der Luxusliner wieder weltweit auf Kreuzfahrt. Die Orient Lines gehörten von 1998 bis 2008 zur Norwegian Cruise Line.

Seit 2008 ist die schöne „Marco Polo" wieder für das Bremer Kreuz-

fahrtunternehmen Transocean Tours in Fahrt. Die Kreuzfahrten führen durch das Mittelmeer, nach Nordeuropa, Afrika, Südamerika und in die Antarktis.

„Marco Polo" wurde 1965 als „Alexander Puschkin" in Dienst gestellt. Umfangreich renoviert und modernisiert, ist der Kreuzfahrtliner heute für Transocean Tours in Fahrt.

29

Die „Queen Elizabeth 2" war von 1969 bis 2004 das Flaggschiff der britischen Cunard-Reederei.

umgebaut. Es erhielt statt des Turbinenantriebs einen diesel-elektrischen Antrieb und ist seitdem mit 32 Knoten eines der schnellsten Motorschiffe.

1989 diente der Oceanliner einige Monate als Hotelschiff in Yokohama. 1992 lief das Schiff auf einen Felsen unter Wasser und musste bei Blohm + Voss in Hamburg repariert werden. Beim Auslaufen aus Southampton geriet es 1993 in schwere See, wurde beschädigt und abermals bei Blohm + Voss repariert. Seit 2008 ist das einstige Flaggschiff der Cunard-Reederei Hotel- und Museumsschiff in Dubai.

Es gehört zum Privileg der Cunard Line, Southampton, ihre Schiffe mit den Namen der britischen Königinnen zu schmücken. Die „Queen Elizabeth 2" wurde 1969 von der traditionsreichen Werft John Brown & Co. Ltd. in Clydebank bei Glasgow an Cunard abgeliefert. Nach einem Turbinenschaden nach der Jungfern-

fahrt verweigerte Cunard zunächst die Übernahme des Schiffs, das im Liniendienst und in der Kreuzfahrt eingesetzt wurde.

Auf einer Kreuzfahrt erlitt die „Queen Elizabeth 2" 1974 bei den Bermuda-Inseln einen totalen Kesselausfall. 1987 wurde das Schiff auf der Lloyd Werft in Bremerhaven

Viele Schiffe haben eine bewegte Geschichte, in deren Verlauf sie ihren Namen immer wieder wechsel- ten. Zu diesen Schiffen zählt die „Albatros", die 1973 als „Royal Viking Sea" bei Wärtsilä in Helsinki für die Royal Viking Line, Oslo, gebaut und 1983 auf der Seebeckwerft in Bremerhaven um 30 Meter auf 205,5 Meter verlängert wurde.

Ab 1991 wurde das Schiff als „Royal Odyssey" von Royal Cruise bereedert, bis es 1997 als „Norwegian Star" für Norwegian Cruise Lines in Charterfahrt ging. 2001 wurde es als „Crown" zum Kasino- schiff, 2003 kreuzte es wieder im Mittelmeer und erhielt 2004 den Namen „Albatros". Modernisiert und neu motorisiert ist das Schiff heute für die Phoenix Reederei, Bonn, in Fahrt – zum Beispiel rund um Afrika.

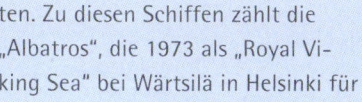

Die 1973 gebaute „Albatros" trug schon die Namen „Royal Viking Sea", „Royal Odyssey", „Norwegian Star" und „Crown".

Das 156,3 Meter lange Kreuzfahrtschiff „Belorussiya" wurde 1975 von
der Werft Wärtsilä in Turku, Finnland, abgeliefert. Insgesamt gab es
fünf Schwesterschiffe, die bald in
aller Welt in Dienst waren. Die
„Belorussiya" war für verschiedene
Reedereien und Reiseveranstalter in

Fahrt. 1993 wurde sie an Delphin
Seereisen in Offenbach verchartert.
1996 erhielt sie den neuen Namen
„Delphin".

Rundum renoviert und moderni-
siert, fährt die „Delphin" heute in
Charter für Hansa Kreuzfahrten,
Bremen. Die Reisen des Schiffs füh-

*Die „Delphin" ist seit 1975 auf allen
Meeren der Erde unterwegs.*

ren mit 500 Fahrgästen in die Ostsee, ins Mittelmeer, in die Karibik,
nach Südamerika und in die Antarktis. Vielfältig sind die Sport- und
Unterhaltungsangebote an Bord.

1962 lieferte die Werft Chantiers de l'Atlantique in Saint-Nazaire das Passagierschiff „France" an die Reederei Compagnie Générale Transatlantique ab. Mit einer Länge von 315,5 Metern war die „France" damals das längste Schiff der Welt.

1979/80 wurde der überalterte Oceanliner auf der Hapag-Lloyd Werft in Bremerhaven zu einem der größten Kreuzfahrtschiffe seiner Zeit umgebaut. Als „Norway" ging der Superliner anschließend für die Norwegian Cruise Line auf Kreuzfahrt. 1984 wurde das Schiff bei Blohm + Voss in Hamburg rundum erneuert, 1990 erhielt es bei Lloyd in Bremerhaven zwei neue Decks. Bei einer Kesselexplosion in Miami wurde die „Norway" 2003 schwer beschädigt und schließlich 2006 in Indien verschrottet.

Das Kreuzfahrtschiff „Norway" entstand 1979/80 durch Umbau aus der „France".

Die schönsten Kreuzfahrtschiffe heute

Kreuzfahrten sind heute ein vielfältiges Vergnügen und immer mehr Menschen wollen Urlaub auf dem Meer machen. Lange vorbei sind die Zeiten, in denen sich nur sehr wohlhabende Menschen das Vergnügen leisten konnten, in luxuriösem Ambiente auf den Meeren zu kreuzen, fremde Länder und Völker kennenzulernen und des Abends in Smoking und Abendkleid vornehm zu tafeln. Heute gibt es Kreuzfahrten für alle Ansprüche, sodass auch für den Er-

„Costa Fortuna", Baujahr 2003, gehört der italienischen Costa Crociere, einer der größten Kreuzfahrt-Reedereien.

holung suchenden Durchschnittsverdiener eine Seereise kein Traum bleiben muss.

Exklusiv und vornehm geht es auf den Kreuzfahrt-Yachten zu. Wer es sich leisten kann, kauft oder mietet sich ein Appartement auf dem Luxus-Kreuzfahrtschiff „The World" und geht mit seiner schwimmenden Wohnung auf Weltreise. Auf den großen Fun Ships hingegen wird Freestyle Cruising veranstaltet. Hier wird die Schiffsreise auf einem schwimmenden Freizeitpark zum ungezwungenen Spaß.

Die großen Schiffe nehmen heute zum Teil weit mehr als 3000

Passagiere an Bord. Solche Riesenschiffe sind gleichsam schwimmende Hotelpaläste, Ferienanlagen auf dem Meer, die zahllose Möglichkeiten für Spiel und Sport, Unterhaltung und Kultur anbieten. Und für abenteuerlustige Menschen, die einen aufregenden Urlaub verbringen möchten, ohne auf Bequemlichkeit und Luxus zu verzichten, gibt es Expeditionsreisen in die Arktis, Antarktis und andere entlegene Regionen der Welt. Auf solchen Kreuzfahrten kann man zum Beispiel den Spuren Alexander von Humboldts, Charles Darwins und anderer Entdecker und Forscher folgen.

Schiffe, die das Schicksal der Menschen an Bord während der oft langen Reisen bestimmen, denen die Matrosen früher auf Glück oder Verderb ausgeliefert und oft verfallen waren, sind im Deutschen, Englischen und manchen anderen Sprachen weiblichen Geschlechts, auch wenn sie einen männlichen Namen tragen. Anders im Französischen – hier sind die Schiffe männlichen Geschlechts.

So heißt das französische Kreuzfahrtschiff, das für Compagnie des Îles du Ponant/Aviation & Tourism International, Alzenau in Deutschland, auf Fahrt geht, „Le Diamant". Dieses Schmuckstück unter den Kreuzfahrtschiffen wurde 1986 als „Song of Flowers" für Radisson Seven Seas Cruises in Dienst gestellt. 2003 wechselte das schöne 124 Meter lange Schiff den Eigner und den Namen. „Le Diamant" geht mit bis zu 226 Passagieren auf Fahrt – zum Beispiel nach Südamerika oder in die Antarktis.

„Le Diamant", Baujahr 1986, ist ein kleines luxuriöses Kreuzfahrtschiff der Compagnie des Îles du Ponant.

„Astor", Baujahr 1987, immer wieder renoviert, ist seit 1995 für Transocean in Fahrt.

Eines der beliebtesten deutschen Kreuzfahrtschiffe ist die „Astor". Das 1987 bei Howaldtswerke-Deutsche Werft in Kiel gebaute 176,5 Meter lange Schiff der Astor Shipping Co. Ltd. in Nassau, Bahamas, fährt seit 1995 in Vollcharter für Transocean Tours in Bremen und nimmt etwa 600 Gäste an Bord. Von 1988 bis 1995 hieß das Schiff „Fedor Dosto-jewskij" und kreuzte im Schwarz-meer.

Auf einer ersten „Astor", die 1981 ebenfalls von der Kieler Ho-waldtswerke-Deutsche Werft GmbH abgeliefert worden war, wurden 1983 und 1984 sechs Folgen der be-liebten TV-Serie „Traumschiff" ge-dreht. Ab 1985 war dieses Schiff als „Arkona" für die Seerederei, Rostock, in Fahrt, unter anderem als Urlau-berschiff für den Feriendienst des Freien Deutschen Gewerkschafts-bunds (FDGB) der DDR. Das erste TV-Traumschiff erhielt 2002 den neuen Namen „Astoria" und ging 2008/ 2009 auf Abschiedstour.

Das komfortable Schiff mit dem traditionsreichen Namen „Bremen" erinnert unter anderem an den ersten Transatlantik-Dampfer des Norddeutschen Lloyd, der 1858 in Dienst gestellt wurde.

Die neue „Bremen", 111,5 Meter lang, wurde 1990 bei Mitsubishi in Kobe, Japan, gebaut und ist für die Hapag-Lloyd Kreuzfahrten GmbH in Hamburg in Fahrt. Die 164 Passagiere werden von einer hundertköpfigen Besatzung betreut. Das Schiff, mit der höchsten Eisklasse für Passagierschiffe versehen, geht vornehmlich auf Expeditionskreuzfahrten in die Arktis und Antarktis, in die Südsee, ins Mittelmeer, in die Ostsee und in die Karibik. Zu den Annehmlichkeiten an Bord gehören Bibliothek, Sauna und Pool. Mit Zodiac-Schlauchbooten geht es auf Exkursionen. Experten begleiten die Gäste auf den Fahrten und Ausflügen.

← „Bremen", Baujahr 1990, ein Expeditionskreuzfahrtschiff von Hapag-Lloyd Kreuzfahrten, Hamburg.

→ Zodiac-Ausflug mit den Passagieren der „Bremen".

Die große Flotte der Carnival Cruise Lines, vertreten durch Inter-Connect in München, ist in verschiedene Klassen eingeteilt. Zur Fantasy Class gehören die Schwesterschiffe „Fantasy", „Sensation", „Fascination", „Imagination", „Inspiration", „Elation" und „Paradise", die alle den Vornamen „Carnival" tragen, sowie die „Carnival Ecstasy". 1991 bei Kvaerner in Helsinki gebaut, ist dieses Schiff 260,6 Meter lang, bis zum Sport- und oberen Sonnendeck erstreckt es sich zehn Stockwerke hoch. Bis zu 2052 Passagiere genießen die Kreuzfahrten.

Im Jahr 2005 wurde das Schiff vorübergehend von der US-Regierung gechartert, um Menschen eine provisorische Bleibe zu geben, die durch den verheerenden Hurrikan Katrina in New Orleans obdachlos geworden waren.

„Carnival Ecstasy", Baujahr 1991, gehört zur Fantasy Class der Carnival Cruise Lines.

Das Luxuskreuzfahrtschiff „Amadea" ist das Flaggschiff von Phoenix Reisen GmbH, Bonn. Es wurde 1991 bei Mitsubishi in Nagasaki gebaut, ist 192,8 Meter lang und bietet bis zu 600 Passagieren Platz. Zuerst war das Schiff als „Asuka" für NYK Cruises, Tokio, in Fahrt. Seit 2006, gründlich renoviert und modernisiert, trägt es den neuen Namen „Amadea".

Die elegante Schönheit ist ein modernes First-Class-Kreuzfahrtschiff im klassischen Stil. Zum Programm der Kreuzfahrten der luxuriösen „Amadea" gehört auch eine Weltumrundung in 110 Tagen: Dabei werden 30 Länder und 51 Häfen auf fünf Kontinenten besucht sowie der Panama- und der Suezkanal passiert.

„Amadea", Baujahr 1991, ist das elegante Flaggschiff von Phoenix Reisen, Bonn.

Die Royal Caribbean International, Miami und Frankfurt am Main, ordnet ihre große Flotte in Klassen, die baugleiche oder Schwesterschiffe zusammenfassen. Die „Majesty of the Seas" gehört zur Sovereign-Klasse, in die noch die „Monarch" und die „Sovereign" aufgenommen wurden. Die 268 Meter lange „Majesty of the Seas" wurde 1992 bei der französischen Werft Chantiers de l'Atlantique in Saint-Nazaire gebaut.

Auf den zwölf Decks des Luxusliners finden bis zu 2250 Gäste Platz. Unter dem Motto „Mehr als nur Kreuzfahrt" ist das Schiff mit Restaurants, Lounges, Bars, Cafés, einem Casino Royale, einem Ship-Shape Spa und einem Fitnesscenter ausgestattet. Sogar eine Kletterwand, ein Basketballfeld im Freien und andere Sportanlagen sind an Bord. Für Kinder gibt es den Adventure Ocean, für Jugendliche das FantaSeas Teen Centre und für die Großen Nightclubs und aufwendige Bühnenshows wie am Broadway oder in Las Vegas.

Die 1992 gebaute „Majesty of the Seas" gehört zu den ersten Kreuzfahrtschiffen mit einem offenen Atrium.

Die „Hanseatic" der Hapag-Lloyd Kreuzfahrten GmbH, Hamburg, erinnert mit ihrem Namen an das Schiff von 1929, das 1958 zu einem Kreuzfahrtschiff des Norddeutschen Lloyd umgebaut wurde und auf Seite 22 dieses Buches zu sehen ist.

Die neue „Hanseatic" wurde 1993 bei Finnyards in Rauma, Finnland, gebaut, ist 122,8 Meter lang und hat mit E 4 die höchste Eisklasse für Passagierschiffe. So geht der 5-Sterne-Liner mit maximal 184 Passagieren und einer Besatzung von 125 Frauen und Männern, zu denen Wissenschaftler gehören, auch auf arktische und antarktische Expeditionskreuzfahrten. An Bord gibt es Zodiac-Schlauchboote, mit denen die Passagiere von Fachleuten begleitet zu Entdeckungstouren

aufbrechen. Wegen seines geringen Tiefgangs ist es dem Schiff zudem möglich, auch Flüsse wie den Amazonas zu befahren.

„Hanseatic", ein 1993 erbautes Expeditionsschiff von Hapag-Lloyd Kreuzfahrten mit der höchsten Eisklasse für Passagierschiffe.

„Kong Harald" wurde 1993 zum hundertjährigen Bestehen der Hurtigruten in Dienst gestellt.

der gegenwärtige norwegische König Harald V., die Bar ist nach dem Arktisforscher Fridtjof Nansen, das Café nach dem Polarforscher Roald Amundsen benannt.

Das Schiff, das 691 Passagieren und 45 Autos Platz bietet, verkehrt entlang der norwegischen Westküste zwischen Bergen im Süden und Kirkenes im Norden, wobei es das Nordkap umrundet. Daneben sticht „Kong Harald" auch zu Kreuz- und Sonderfahrten in See. Ebenfalls 1993 entstand auf der Volkswerft in Stralsund die fast baugleiche „Richard With", benannt nach dem Gründer der Hurtigruten.

Das erste Schiff der „neuen Generation" der Hurtigruten-Flotte ist „Kong Harald", das 1993 zum hundertjährigen Jubiläum der norwegischen Postschiffslinie in Dienst gestellt wurde. Das 121,8 Meter lange Schiff wurde auf der Volkswerft in Stralsund gebaut. Namensgeber ist

Noch ungetauft überquerte das bei Kvaerner in Turku, Finnland, gebaute 238 Meter lange Schiff im April 1995 den Atlantik. Am 3. Mai 1995 erhielt das Schiff in New York den schönen Namen „Crystal Symphony" und brach anschließend zu seiner Jungfernfahrt durch den Panamakanal nach San Francisco an der amerikanischen Westküste auf.

Das elegante Luxusschiff gehört wie die „Crystal Harmony" und die „Crystal Serenity" zur exklusiven Flotte der Kreuzfahrtreederei Crystal Cruises, die in Deutschland von Aviation & Tourism International, Alzenau, vertreten wird.

Zu den Zielgebieten der Kreuzfahrten zählen der Panamakanal, Mittel- und Südamerika, die Karibik, die mexikanische Riviera, der Pazifik, Australien, China, Japan, Ägypten, das Mittel- und das Schwarzmeer, Kanada sowie die Arktis. Die 975 Passagiere genießen an Bord jeglichen Komfort und ein innovatives Freizeitangebot.

Der Crystal Cruiser „Crystal Symphony" wurde 1995 in Finnland gebaut.

Die Kreuzfahrtgesellschaft Silversea Cruises, vertreten durch Aviation & Tourism International in Alzenau, hat einige elegante Schiffe in Fahrt. Schwestern sind die „Silver Cloud" und die „Silver Wind", diese 1995, jene 1994 in Dienst gestellt. Beide Schiffe wurden in Italien gebaut und sind 155,8 Meter lang.

Den maximal 296 Gästen an Bord stehen nur luxuriöse Suiten zur Verfügung, die von der Schauspielerin Isabella Rossellini neu gestaltet wurden. Die Schiffe sind auf allen Meeren der Welt unterwegs. Beliebt sind die Themenreisen wie zum Beispiel die Weinreisen.

Die Luxuskreuzfahrtschiffe „Silver Cloud" und „Silver Wind" wurden 1994 und 1995 für Silver Cruises gebaut.

Die Kreuzfahrtgesellschaft Celebrity Cruises, Miami, vertreten durch Royal Caribbean Cruise Line, Frankfurt am Main, hat seine großen Schiffe in Klassen geordnet, die baugleiche oder Schwesterschiffe zusammenfassen. Zur Century-Klasse zählen die „Mercury", die „Galaxy", die 2009 in das erste TUI-Schiff umgebaut wurde, und die „Century", die 1995 auf der Meyer Werft in Papenburg gebaut wurde.

Das 249 Meter lange Schiff für 1750 Passagiere ist wie seine Schwesterschiffe mit Restaurants, Bars, Kasino, Pool, Aqua Spa, Fitnesscenter und Golf-Programm ausgestattet, bietet tolle Bühnenshows und für Kinder den Celebrity X-Club. Die „Century" wird wie alle Kreuzfahrtschiffe regelmäßig modernisiert.

„Celebrity Century", ein 1995 erbautes Luxusschiff der Celebrity Cruises.

Die „Carnival Destiny" ist ein Fun Ship der Destiny-Klasse der Carnival Cruise Lines, vertreten durch Inter-Connect, München. Das bei Fincantieri in Monfalcone, Italien, gebaute Schiff war mit seiner Länge von 272,35 Metern bei der Ablieferung 1996 das bislang größte Passagierschiff der Welt. Es wurde in Venedig getauft, überquerte anschließend den Atlantik und stellte sich in Boston und New York der staunenden Öffentlichkeit vor. Seine Jungfernkreuzfahrt begann in Miami.

Wie alle Schiffe von Carnival ist die „Destiny" gleichsam ein Grand Hotel und ein Urlauberclub auf See. Die maximal 2642 Passagiere genießen an Bord allen erdenklichen Luxus und Freizeitspaß. Vor allem von Miami aus geht das Schiff auf Karibikfahrten.

← *Das Innere des Schiffs der Carnival Cruise Lines lässt auch verwöhnte Genießer staunen.*

→ *„Carnival Destiny" war 1996 das größte Passagierschiff der Welt.*

Das erste Schiff der Rostocker Reederei AIDA Cruises war die 1990 gebaute „Crown Princess", die 2006 ihre Abschiedskreuzfahrt unternahm und an Ocean Village abgegeben wurde.

Das nächste AIDA-Schiff war die „AIDAcara", die 1996 bei der finnischen Werft Kvaerner in Turku fertiggestellt wurde. Als „Aida" in Warnemünde getauft, war sie zunächst für die Norwegian Cruise Line und später für Seetours in Fahrt. 2004 wurde sie ein AIDA-Clubschiff und 2005 auf der Neptun Werft in Rostock-Warnemünde umgebaut und erneuert.

Das 193,3 Meter lange Schiff bietet auf elf Decks mit 590 Kabinen mehr als 1000 Passagieren Platz. Die Besatzung besteht aus rund 370 Frauen und Männern, die Kreuzfahrten führen unter anderem durchs Mittelmeer und rund um die Arabische Halbinsel an den Küsten Westeuropas entlang bis zu den Kanarischen Inseln und nach Norwegen.

„AIDAcara", Baujahr 1996, ist ein Clubschiff der AIDA Cruises, Rostock.

Die „Nordkapp", 1996 bei Kværner Kleven in Ulsteinvik, Norwegen, gebaut, ist 123,3 Meter lang und befördert im Liniendienst zwischen Bergen und Kirkenes, bei Tagestörns durch die Fjorde und bei Kreuzfahrten 691 Passagiere, denen 45 Autostellplätze zur Verfügung stehen. Das Schiff hat zwei Salons, deren Ambiente von den Bildern des Küstenmalers Karl Erik Harr bestimmt wird. Außerdem gibt es an Bord ein Restaurant, eine Bar und ein Café, eine Sauna und einen Fitnessraum.

Eine Schwester der „Nordkapp", die sich von dieser nur in wenigen Details unterscheidet, ist die gleichfalls 1996 auf der Ulstein Verft in Ulsteinvik gebaute „Polarlys", die nach dem für Norwegen typischen Polarlicht benannt wurde.

„Nordkapp", ein 1996 gebautes Schiff der norwegischen Reederei Hurtigruten.

Norddeutschen Lloyd von 1923, der auf Seite 12 dieses Buches vorgestellt wird.

Die neue „Columbus" geht mit 420 Passagieren und 170 Crewmitgliedern auf Kreuzfahrt. Auf ihren großen Weltreisen steuert sie mehr als 80 Häfen in über 50 Ländern und Inselstaaten an.

Ob Weltreise oder eine andere Kreuzfahrt zu den Traumzielen dieser Welt: Das vielfältige Bordprogramm und die Landgänge, die auch mit dem Fahrrad oder mit Nordic-Walking-Stöcken absolviert werden können, bleiben unvergessliche Erlebnisse.

Auf der MTV Werft in Wismar wurde 1997 für die Hapag-Lloyd Kreuzfahrten GmbH die 144 Meter lange „Columbus" gebaut. Das Schiff erinnert mit seinem Namen unter anderem an den Schnelldampfer des

Die Meyer Werft in Papenburg an der Ems gehört zu den wenigen Werften weltweit, die heute die Schiffsgiganten der Ozeane bauen können. Hier ließ Star Cruises, seit 2000 die Muttergesellschaft der Norwegian Cruise Line, die „Super-Star Leo" bauen.

Das 1998 fertiggestellte 268 Meter lange Schiff, auf dem 1966 Passagiere und 882 Crewmitglieder Platz haben, wurde nach seiner Renovierung 2004 in „Norwegian Spirit" umbenannt und erhielt die typische bunte Rumpfbemalung der NCL-Schiffe. Die Hauptreisegebiete des Freestyle Cruisers sind die Karibik, die Bermuda-Inseln, Neuengland und Kanada. An Bord genießen die Passagiere die vielen Sport- und Unterhaltungsangebote.

1998 wurde auf der Ems die „SuperStar Leo" präsentiert, die seit ihrem Umbau zu einem modernen Freestyle Cruiser 2004 den Namen „Norwegian Spirit" trägt.

53

Millionen Menschen kennen die „Deutschland" seit 1999 als „Traumschiff" aus der beliebten ZDF-Fernsehserie. Das 5-Sterne-Schiff wurde 1998 bei Howaldtswerke-Deutsche Werft AG in Kiel gebaut. Es ist 175 Meter lang und bietet auf zehn Decks Platz für 520 Passagiere und 280 Besatzungsmitglieder. Das moderne Luxusschiff der Peter Deilmann Reederei in Neustadt/Holstein setzt mit Eleganz, Charme und nostalgischer Noblesse die deutsche Kreuzfahrttradition der 1920er-Jahre in unsere Gegenwart fort.

Seine Fahrten führen das Traumschiff unter anderem zum Schwarzen Meer, nach Asien, Neufundland/Kanada, Spitzbergen, Südafrika, in die Karibik und ins Mittelmeer. An Bord gibt es neben Restaurants, Bars, Sport- und Wellness-Angeboten sowie Einkaufs-Kolonnaden auch ein Putting Green.

← *Blick in den Kaisersaal des „Traumschiffs".*

→ *Die 1998 gebaute „Deutschland" ist das Flaggschiff der Peter Deilmann Reederei.*

Ein Konsortium von 280 Personen finanzierte den Bau der großen Motoryacht, die 1998 von Alstom Leroux Naval an die Compagnie des Îles du Ponant abgeliefert wurde, in Deutschland vertreten durch Aviation & Tourism International in Alzenau. Bernadette Chirac, die Frau des damaligen französischen Staatspräsidenten, taufte das Schiff auf den Namen „Le Levant".

Neben Restaurants, Bars, Swimmingpool, Sauna und anderen Freizeiteinrichtungen befindet sich an Bord des 100 Meter langen Schiffs, das 90 Passagieren Platz bietet, sogar ein Hospital. Die Kreuzfahrten der Luxusyacht führen von Malta nach Italien und Kroatien, von Venedig nach Griechenland, von Athen in die Türkei und nach Arabien.

Die 1998 gebaute schnittige Kreuzfahrtyacht „Le Levant" verfügt über 45 luxuriöse Kabinen.

Die Voyager-Klasse der Royal Caribbean Cruise Line, Miami und Frankfurt am Main, umfasst die Schwesterschiffe „Adventure", „Explorer", „Mariner", „Navigator" und „Voyager", die alle den Namenszusatz „of the Seas" tragen. Als erstes dieser fünf Schiffe wurde die „Voyager of the Seas" 1999 bei den Kvaerner Masa-Yards in Turku, Finnland, gebaut. Das 311,12 Meter lange Schiff bietet den mehr als 3000 Passagieren ein schier unerschöpfliches Angebot an Attraktionen wie eine Kletterwand, eine Eislaufarena, einen Minigolfplatz, vielfältige Sportflächen, Day Spa, einen Fitnesscenter, Pools, ein Casino Royale, eine zweigeschossige Bibliothek mit 3000 Büchern, einen Nightclub sowie für Kinder und Jugendliche den Adventure Ocean.

Der Royal Caribbean Cruiser „Voyager of the Seas" war bei seiner Indienststellung 1999 das größte Kreuzfahrtschiff der Welt.

Die „Europa" ist das schöne und stolze Flaggschiff der Hapag-Lloyd Kreuzfahrtflotte. Das 1999 bei Kvaerner in Helsinki gebaute 198,6 Meter lange Schiff kann dank seines geringen Tiefgangs von sechs Metern nahe der Küste ankern oder kleinere, idyllische Häfen anlaufen.

Die „Europa" bietet ihren maximal 408 Gästen ausschließlich Außensuiten, die meisten mit Balkon. Das Bordpersonal besteht aus 280 Besatzungsmitgliedern. In drei Restaurants und im legeren Lido-Café werden die Feinschmecker verwöhnt, während der Genussfahrten stehen Sterneköche am Herd.

Im großen Fitnessloft erwarten die Passagiere Personal-Trainer mit individuellen Programmen. Selbstverständlich steht auch den Wellness-Liebhabern ein vielfältiges Angebot zur Verfügung. So nimmt es nicht Wunder, dass der Luxusliner 2009 bereits zum neunten Mal in Folge vom renommierten „Berlitz Cruise Guide" die Höchstnote „5-Sterne-plus" erhielt.

← „Europa", Baujahr 1999, ist das Paradeschiff der Hapag-Lloyd Kreuzfahrtflotte.

↑ *Gäste entspannen an Bord des Luxuscruisers.*

Die Fun Ships der Kreuzfahrtgesellschaft Carnival Cruise Lines, vertreten durch Inter-Connect in München, fahren unter dem Motto „Fun for all – All for fun". Bauähnliche und Schwesterschiffe sind in Klassen zusammengefasst. Zur Triumph Class gehören die „Carnival Triumph" und die „Carnival Victory", die 1999 und 2000 bei der berühmten italienischen Werft Fincantieri Navali in Monfalcone gebaut wurden.

Die schöne 272,19 Meter lange „Carnival Victory" unternahm ihre Jungfernfahrt nach New York. Das Hauptreisegebiet ist die Karibik. Maximal 2758 Passagiere genießen den Aufenthalt an Bord. Die 13 Passagierdecks reichen vom Riviera Deck bis zum Sky Deck. Für die kleinen und großen Gäste gibt es eine Vielzahl an Spaß- und Sportangeboten. Pools, Fitnesscenter, Spa Carnival, Bars, Lounges, Internetcafé, Musik, Tanz und Show lassen keine Langeweile aufkommen. Die Erwachsenen haben im Kasino ihr Vergnügen, die Kids im Camp Carnival ihren Spaß.

Die 2000 fertiggestellte „Carnival Victory" steuert vor allem Ziele in der Karibik an.

Die römische Familie Lefebvre hat aus Lust und Leidenschaft eine Kreuzfahrt-Reederei geschaffen, in deren Schiffen sich der Luxus großer Hotels mit der Gemütlichkeit privater Wohnungen vereinen. Ein internationales Publikum schätzt den gehobenen Stil von Silversea, vertreten durch Aviation & Tourism International, Alzenau, Deutschland.

Zur Millennium-Klasse von Silversea Cruises gehören die luxuriösen Schwesterschiffe „Silver Shadow" und „Silver Whisper", 2000 und 2001 gebaut und jeweils 182 Meter lang.

Die elegante „Silver Shadow", bei Cantieri Navale Visentini in Donada und bei T. Mariotti in Genua gebaut, geht mit maximal 382 Gästen auf Kreuzfahrt – zum Beispiel

an der amerikanischen Pazifikküste nach Alaska, in die Karibik und nach Mexiko, nach Südamerika und den Amazonas hinauf, nach Afrika und in den Indischen Ozean, in den Fernen Osten und in die Südsee.

„Silver Shadow", ein Luxusschiff der Silversea Cruises von 2000. Seinen bis zu 382 Passagieren bietet das unter der Flagge der Bermudas fahrende Schiff 194 exquisit ausgestattete Außensuiten.

Die Kreuzfahrtgesellschaft Celebrity Cruises, vertreten durch Royal Caribbean Cruise Line in Frankfurt am Main, besitzt in ihrer Millennium-Klasse die Schwesterschiffe „Millennium", „Infinity", „Constellation" und „Celebrity Summit". Das letztgenannte Schiff wurde 2001 auf der französischen Werft Chantiers de l'Atlantique in Saint-Nazaire gebaut. Der 5-Sterne-Luxusliner ist 294 Meter lang und nimmt bis zu 1950 Passagiere an Bord, um die sich 999 Besatzungsmitglieder kümmern. Zu den Annehmlichkeiten an Bord gehören unter anderem Restaurants, Bars und Lounges, ein Kasino, das Celebrity Theater, ein Kino, ein Fitnesscenter und Aqua Spa. Für Kinder gibt es zum Beispiel die Ship Mates Fun Factory.

↑ *Entspannung pur im Spa des Schiffs.*

← *„Celebrity Summit", Baujahr 2001, ein Luxusschiff der Celebrity Cruises.*

An Bord der NCL Freestyle Cruiser herrscht keine strenge Etikette, sondern der pure Freizeitspaß. Auf der im Jahr 2001 in Dienst gestellten „Norwegian Sun" gibt es zum Beispiel neun Restaurants, zwölf Bars und Lounges, zwei Swimmingpools, einen Kinderpool und fünf Whirl-pools, ein Body Waves Spa und ein Fitnesscenter. Die Kreuzfahrten führen die bis zu 1936 Passagiere in die Karibik und nach Mittelamerika, entlang der Westküste Nordamerikas nach Alaska oder nach Südamerika. Die Besatzung umfasst 968 Personen. Das 260 Meter lange Schiff

„Norwegian Sun", Baujahr 2001, ein Freestyle Cruiser der Norwegian Cruise Line.

erhielt seinen Rumpf auf der Aker MTW Werft in Wismar und wurde 2001 auf der Lloyd Werft in Bremerhaven fertiggestellt.

Bei ihrer Indienststellung im Jahr 2001 war die auf der Meyer Werft in Papenburg an der Ems gebaute „Radiance of the Seas" das größte bis dahin in Deutschland gefertigte Passagierschiff. Bis zu 2100 Passagiere gehen mit dem Luxusliner auf Kreuzfahrt.

Die Energie für das Schiff wird umweltfreundlich von zwei Gasturbinen und einer Dampfturbine erzeugt.

Wie ihre Schwesterschiffe „Brilliance of the Seas", „Jewel of the Seas" und „Serenade of the Seas" gehört das 293,2 Meter lange Schiff

Der Royal Caribbean Cruiser „Radiance of the Seas" absolvierte seine Jungfernfahrt im März 2001.

zur Radiance-Klasse des norwegisch-amerikanischen Kreuzfahrtanbieters Royal Caribbean International, Miami und Frankfurt am Main.

Wo die Welt am schönsten ist, kreuzen die sechs AIDA-Clubschiffe. Die „AIDAaura" und die „AIDAvita" sind Schwestern, die beide auf der Aker MTW Werft in Wismar gebaut wurden. Die „AIDAvita", die hier zu sehen ist, wurde 2002 in Dienst gestellt, ihre Schwester wurde 2003 abgeliefert.

Zwölf Decks hoch ragt das 202,85 Meter lange Schiff über dem Meer. Auf dem oberen Deck, das bei den Hafeneinfahrten und -ausfahrten den besten Ausblick bietet, befindet sich auch ein FKK-Bereich. Die „AIDAvita" bietet alle Annehmlichkeiten und Freizeitangebote, die man sich auf einem großen Kreuzfahrtschiff nur wünschen kann – allein das Wellnessareal umfasst rund 1,2 Quadratkilometer.

↑ Fitness auf der „AIDAvita".

→ „AIDAvita", Baujahr 2002, ist ein Clubschiff der Rostocker Reederei AIDA Cruises.

Die „Tahitian Princess" ist seit 2002 eine Prinzessin der Princess Cruises.

Die Princess Cruises aus den USA, vertreten durch Inter-Connect, München, haben ihre Schiffe in Klassen eingeteilt. Zur Explorer-Klasse zählen die „Royal Princess", die „Pacific Princess" und die „Tahitian Princess". Die letztgenannte Prinzessin wurde zweimal getauft: Zunächst erhielt das 181 Meter lange Schiff, das 1999 auf der französischen Werft Chantiers de l'Atlantique in Saint-Nazaire für Renaissance Cruises gebaut wurde, den Namen „R Four". Nach der Übernahme durch Princess Cruises wurde das Schiff 2002 renoviert und auf Papeete in Tahiti mit dem neuen Namen „Tahitian Princess" geschmückt. 670 Passagiere reisen mit der schönen Prinzessin zu den zauberhaften Inseln der Südsee.

Die italienische Reederei MSC Cruises lässt ihre Schiffe unter dem Motto „Meer – Sonne – Charme" auf große Fahrt gehen. Auf den luxuriösen Schiffen herrscht eine legere Atmosphäre, und schon Kinder ab drei Jahren haben ihren eigenen Mini-Club.

Als „European Stars" 2002 für die italienische Reederei Festival Cruises auf der französischen Werft Chantiers de l'Atlantique in Saint-Nazaire gebaut, wurde das 252 Meter lange Schiff 2004 von MSC übernommen. Bis zu 1566 Passagiere werden auf den Kreuzfahrten von rund 760 Besatzungsmitgliedern betreut.

Die „Sinfonia" besitzt ein ebenso schönes Schwesterschiff, die „MSC Armonia", die im Jahr 2001 gebaut und zunächst auf den Namen „European Vision" getauft wurde.

„MSC Sinfonia", ein 2002 gebautes Wohlfühlschiff der MSC Cruises.

„The World" entstand 2002 auf Bruces Shipyard in Lands-krona, Schweden, wo der Rumpf gefertigt wurde, und bei Fosen Mekaniske Verksteder in Rissa, Norwegen. Auf dem 196,35 Meter langen Schiff gibt es Studios und Apart-ments mit einer Größe von 27 bis 300 Quadratmetern, teils mit mehreren Schlafzimmern und eigener Küche. Diese Wohnungen sind verkauft oder vermietet. Zudem stehen großzügig gestaltete öffentliche Bereiche zur Unterhaltung und Entspannung zur Verfügung.

Das Luxusschiff reist zu den Traumzielen dieser Welt – die Destinationen wählen die wohlhabenden Apartmentbesitzer per Abstimmung selbst mit aus. Be-reedert wird „The World" von ResindSea, Bahamas, ver-treten durch Aviation & Tourism International, Alzenau. Um die 150 bis 200 Passagiere an Bord kümmert sich eine Crew von 250 Besatzungsmitgliedern.

← „The World" ist das einzige Apartmentschiff der Welt.

→ In dem 2002 gebauten Luxusliner reisen die wohlhaben-den Passagiere im eigenen Wohnzimmer um die Welt.

„Finnmarken" ist seit dem Jahr 2002 im Hurtigruten-Liniendienst an der Küste Norwegens und auf Kreuzfahrten unterwegs.

Die 138,5 Meter lange „Finnmarken" bietet 1000 Passagieren Platz, denen für längere Strecken 624 Betten zur Verfügung stehen. Damit gehört die „Finnmarken" zu den größten Schiffen der norwegischen Hurtigruten-Flotte. Gebaut wurde das Post- und Passagierschiff 2002 auf der Kværner Kleven Verft in Ulsteinvik.

Die „Finnmarken" fährt auf der Postschiffroute zwischen Bergen und Kirkenes und läuft unterwegs die Städte an der norwegischen Küste an. Daneben ist das Schiff auch zu Tagestörns und Kreuzfahrten unterwegs. Das im Stil des Art déco eingerichtete Schiff ist ausgestattet mit einem Restaurant, Bars, Cafés, Fitnessräumen, einem Swimmingpool, einem Spielzimmer und 47 Autostellplätzen.

Zur Conquest-Klasse der Fun Ships des Kreuzfahrtanbieters Carnival Cruise Lines, Miami, gehören neben der „Carnival Conquest" ihre Schwesterschiffe „Valor", „Liberty", „Freedom" und „Glory", die alle den Vornamen „Carnival" tragen.

Die 290,47 Meter lange „Carnival Glory" wurde 2003 bei dem italienischen Schiffbauunternehmen Fincantierie in Monfalcone gebaut. Ihre Jungfernfahrt unternahm sie in die Karibik. Diesem Reisegebiet ist das Schiff, das bis zu 2974 Passagiere an Bord nehmen kann, die von 1150 Crewmitgliedern betreut werden, bis heute treu geblieben. Das Schiff ist großzügig mit allen Annehmlichkeiten und zahllosen Angeboten für Freizeit und Spaß der kleinen und großen Gäste ausgestattet.

„Carnival Glory" geht seit 2003 für die Carnival Cruise Lines unter der Flagge Panamas vornehmlich in der Karibik auf Kreuzfahrten.

*Die 2003 gebaute „Crystal Serenity"
gehört zur luxuriösen 5-Sterne-Flotte
von Crystal Cruises.*

Die 1800 Passagiere erwarten an
Bord außergewöhnliche Angebote
wie Broadway-Shows, Glücksspiele
im Kasino, Klavierunterricht, Berlitz-
Sprachunterricht, Computer@Sea,
Feng-Shui Spa und Walk-on-Water-
Fitness. Zum Genießen und Entspannen gibt es selbstverständlich auch
Spezialitäten-Restaurants, Bars und
viele weitere Einrichtungen zum Genießen und Entspannen.

Die exklusiven Reisen des schönen Luxuscruisers führen rund um
die Welt, in die Karibik, an den Küsten Westeuropas entlang, durchs
Mittelmeer und zu den goldenen
Küsten des Schwarzen Meers.

Die Kreuzfahrtgesellschaft Crystal
Cruises, die in Deutschland durch
Aviation & Tourism International,
Alzenau, vertreten wird, ließ 2003

auf der französischen Reederei
Chantiers de l'Atlantique in Saint-
Nazaire die 250 Meter lange „Crystal
Serenity" bauen.

Die 2003 in Dienst gestellte „AIDA-aura" ist die jüngere Schwester der 2002 fertiggestellten „AIDAvita" und wurde wie diese auf der Aker MTW Werft in Wismar gebaut. Zunächst war das 202,85 Meter lange Schiff für Seetours in Fahrt, bis es 2004 von der Rostocker Reederei AIDA Cruises übernommen wurde. Die

„AIDAaura" geht mit maximal 1582 Passagieren auf Fahrt. Ihre Reisege-biete sind Nordamerikas Ostküste bis nach Quebec und Montreal, die Ka-ribik, Nordeuropa und Island sowie Transatlantikfahrten.

Von Deck 3 bis Deck 12 mit FKK-Bereich stehen den Passagieren zehn Decks zur Verfügung. Zum Angebot

Das AIDA-Clubschiff „AIDAaura" wurde 2003 von Supermodel Heidi Klum getauft.

an Bord gehören unter anderem Restaurants und Bars, Body & Soul Sport, Pools und Sportmöglichkeiten vieler Art sowie ein Theater und ein Kids Club.

Die britische Cunard Line rühmt sich, die „Most Famous Ocean Liners in the World" zu besitzen. In der Tat hat die Traditionsreederei viele berühmte Schiffe in Diensten gehabt, und ihre Transatlantikliner „Queen Mary 2" und „Queen Victoria", die auf den Seiten 98 und 99 dieses Buches vorgestellt wird, gehören zu den bekanntesten Schiffen der Gegenwart.

Die 345,03 Meter lange „Queen Mary 2" war bei ihrer Ablieferung 2003 das längste Passagierschiff der Welt. Der Luxusliner wurde bei der französischen Werft Chantiers de l'Atlantique in Saint-Nazaire gebaut, die auf den Bau solcher großen Schiffe spezialisiert ist.

Getauft wurde das Schiff im Januar 2004 in Southampton von niemand Geringerem als der britischen Königin Elisabeth II. persönlich. Die Jungfernreise führte zu den Kanarischen Inseln und nach Fort Lauderdale in Florida. Maximal 2592 Passagiere und 1254 Crewmitglieder gehen mit der luxuriösen „QM2" auf Fahrt.

← *Der Cunard Liner „Queen Mary 2" wurde im Januar 2004 von Königin Elisabeth II. getauft.*

↑ *Das Bordrestaurant Britannia*

Die italienische Reederei MSC Crociere, die in Deutschland durch MSC Kreuzfahrten in München vertreten wird, hat eine moderne Flotte in Fahrt. Im Jahr 2000 wurden bei der französischen Werft Chantiers de l'Atlantique in Saint-Nazaire zwei Neubauten in Auftrag gegeben: Die „MSC Lirica" wurde 2003, ihr Schwesterschiff „MSC Opera" im Jahr darauf abgeliefert. 2004 übernahm MSC Crociere außerdem die Luxuscruiser „European Vison" und „European Stars" der in Konkurs geratenen Reederei Festival Crociere S.p.A. und taufte sie in „MSC Armonia" und „MSC Sinfonia" um. Bis 2010 werden elf MSC-Schiffe in Fahrt sein.

Maximal 2069 Gäste können an Bord der „MSC Lirica" den Zauber mediterraner Gastfreundschaft auf den Meeren der Welt erleben. Neben allen erdenklichen Freizeit- und Wellnessangeboten findet jeden Abend eine große Show statt. Für die kleinen Gäste gibt es im Mini-Club ein spezielles Programm.

← *Das Luxusschiff „MSC Lirica" war 2003 der erste Neubau der italienischen Reederei MSC Crociere.*

↑ *Für das Wohl der Gäste ist an Bord stets gesorgt.*

Das italienische Schiffbauunternehmen Fincantieri in Sestri lieferte 2004 dieses 272,19 Meter lange Schiff an die Kreuzfahrtgesellschaft Costa Crociere in Genua. Bereits 2002 war eine Sektion des Schiffes in Palermo vom Stapel gelaufen und nach Sestri geschleppt worden. In Barcelona auf den Namen „Costa Magica" getauft, erfolgte die Jungfernfahrt des schönen Schiffs von Savona aus durchs Mittelmeer.

Die Innenausstattung schwelgt in den Stilen der italienischen Kunstgeschichte und Folklore. Zudem schmücken das Schiff zahlreiche Kunstwerke zum Thema Magie, die an der berühmten Kunsthochschule Accademia di Brera in Mailand entstanden sind.

Bis zu 3470 Passagiere genießen die Fahrten auf dem Luxuscruiser, der mit allen Annehmlichkeiten und vielen Angeboten für Sport und Unterhaltung sowie Wellness und Fitness aufwartet.

Die 2004 in Dienst gestellte „Costa Magica" gehört zu den modernen Luxuskreuzfahrtschiffen der 1854 gegründeten italienischen Reederei Costa Crociere.

Schwimmende Ferienanlagen sind die 293 Meter langen Fun Ships der Spirit-Klasse der Carnival Cruise Lines, Miami, die von Inter-Connect, München, vertreten werden. Zu dieser Klasse gehören die Schwesterschiffe „Carnival Spirit" (Baujahr 2001), „Carnival Pride" (2002), „Carnival Legend" (2003) und die hier abgebildete „Carnival Miracle", die alle unter der Flagge Panamas fahren.

Bei der Kvaerner-Masa-Werft in Helsinki 2004 gebaut, bietet das Schiff seinen maximal 2124 Passagieren

„Carnival Miracle", Baujahr 2004, gehört zu den Fun Ships der Carnival Cruise Lines.

auf den sieben Passagierdecks mehrere Restaurants, Bars und Lounges, ein breites Angebot an Wellness und Sport sowie ein Kino, ein Theater und ein Kasino. Blickfang ist das elfstöckige Atrium mit einem rubinroten Glasdach. Für Kinder schon ab zwei Jahren und für Jugendliche gibt es das Programm Camp Carnival.

Im Jahr 2004 lieferte die Werft Fincantieri in Monfalcone das bis dahin
größte in Italien gebaute Passagierschiff an das US-amerikanische
Kreuzfahrtunternehmen Princess
Cruises ab. Nach der Überführungs-
fahrt vom Mittelmeer über den Atlantik wurde es in Fort Lauderdale in
Florida auf den Namen „Caribbean
Princess" getauft und unternahm
seine Jungfernfahrt durch die Karibik.

Das von Inter-Connect, München, betreute Schiff, auf dem maximal 3080 Passagiere großzügigen
Platz finden, geht vornehmlich in
der Karibik, aber auch im nordame-
rikanischen Raum auf Kreuzfahrt.
An Bord erleben die Gäste, die von
etwa 1160 Crewmitgliedern umsorgt
werden, allen Komfort und vielsei-
tige Unterhaltungsangebote.

↑ *Im Kasino des Schiffs können die Gäste stilvoll ihr Glück versuchen.*

← *Die 2004 gebaute „Caribbean Princess" bietet ihren Passagieren ausschließlich Außenkabinen oder Suiten.*

Nach vielen Schwierigkeiten wurde die „Pride of America" 2005 fertiggestellt und geht seitdem für die Norwegian Cruise Line auf Kreuzfahrten.

Terroranschläge vom 11. September in Konkurs ging, übernahm Star Cruises, die Muttergesellschaft von Norwegian Cruise Line, das halb fertige Schiff. Es wurde nach Bremerhaven geschleppt, wo es 2005 auf der Lloyd Werft auf 282,5 Meter verlängert und aufgebaut wurde.

Für die Norwegian Cruise Line geht die stolze „Pride of America" vornehmlich um Hawaii auf Fahrt. Maximal 2138 Passagiere genießen den Luxus und die Annehmlichkeiten an Bord sowie die Landgänge in einer exotischen Welt.

Die United States Lines darf sich rühmen, mit der „United States" die letzte Inhaberin des Blauen Bandes für das schnellste Schiff auf der Transatlantik-Route Europa–New York in ihren Reihen gehabt zu haben. 1999 bestellte die US-amerikanische Reederei die „Pride of America" bei einer Werft am Mississippi. Als die Reederei 2001 infolge der

Die „Costa Europa" ist eine Schönheit mit verwirrender Vergangenheit. Das Schiff wurde von der
Meyer Werft in Papenburg 1986
an die Home Lines, Panama, abgeliefert. Ihr erster Name war „Homeric".
1990 erlebte das Schiff seine erste
Schönheitsoperation auf seiner Bau-
werft und wurde um 40 Meter auf
nun 244 Meter verlängert. Anschließend wechselte die „Homeric" ihren
Namen und gelangte als „Westerdam" zur Holland America Line
(HAL).

2002 wurde die „Westerdam"
von der italienischen Kreuzfahrtgesellschaft Costa Crociere, Genua,
übernommen und auf der Meyer
Werft renoviert. Fortan als „Costa
Europa" in Fahrt, wurde das Schiff
nochmals 2006 bei der Fincantieri-

Werft in Palermo rundum renoviert
und erhielt so seine heutige Gestalt.
Mit maximal 1773 Passagieren, denen an Bord alle erdenklichen Einrichtungen für Sport, Wellness, Unterhaltung und lukullische Genüsse
zur Verfügung stehen, geht die

„Costa Europa" vor allem im europäischen Raum auf Kreuzfahrt.

*Der Costa Crociere Liner „Costa
Europa" war 1985 als „Homeric" das
erste bei der Meyer Werft in Papenburg gebaute Kreuzfahrtschiff.*

Zur Conquest-Klasse der großen und beliebten Fun Ships von Carnival Cruise Lines gehören die Schwesterschiffe „Carnival Conquest" (Baujahr 2002), „Carnival Glory" (2003), „Carnival Valor" (2004), „Carnival Liberty" (2005) und „Carnival Freedom" (2007).

Die „Carnival Freedom", 2007 auf der italienischen Werft Fincantieri in Monfalcone gebaut, ist 290,2 Meter lang, 14 Decks hoch und fasst maximal 2974 Passagiere, die von 1150 aufmerksamen Besatzungsmitgliedern betreut werden.

Die Fahrten führen meist durch das Mittelmeer. Für Sport, Wellness und Unterhaltung ist an Bord bestens gesorgt. Kindern und Jugendlichen stehen für Spiel und Spaß eigene Einrichtungen zur Verfügung.

← *Die 2007 gebaute „Carnival Freedom" in Venedig.*

↑ *Blick in das zauberhafte Atrium des Schiffs.*

Die von Aker Finnyards in Turku 2006 an die Royal Caribbean Cruise Line, Miami und Frankfurt am Main, abgelieferte „Freedom of the Seas" war bei ihrer Indienststellung das größte Passagierschiff der Welt. Das 339 Meter lange Schiff geht mit 3600 Passagieren auf 15 Passagierdecks vor allem in der Karibik auf Kreuzfahrt. 1360 Besatzungsmitglieder kümmern sich um die Gäste an Bord, die sich an einem riesigen Freizeitangebot erfreuen können: So zählen zu den Sporteinrichtungen unter anderem ein Wasserpark, der Flow Rider Surfpark, eine Kletterwand und eine Eisbahn. Schwesterschiffe der „Freedom of the Seas" sind die 2007 fertiggestellte „Liberty of the Seas" und die 2008 getaufte „Independence of the Seas".

Die „Freedom of the Seas" der Royal Caribbean Cruise Line löste im April 2006 die „Queen Mary 2" als größtes Passagierschiff der Welt ab.

Eine ganze Reihe prächtiger Free-style Cruiser der Reederei Norwegian Cruise Line kreuzen auf den Meeren der Welt. Zur Panamax-Klasse gehören die Schwesterschiffe „Norwegian Jewel" (2005), „Norwegian Pearl" (2006), „Norwegian Gem" (2007) und „Norwegian Jade" (2008/2005), die alle auf der Meyer Werft in Papenburg gebaut wurden.

Die 295 Meter lange „Norwegian Pearl" fährt mit bis zu 2394 Passagieren und 1154 Crewmitgliedern in die Karibik, durch den Panamakanal, an die Westküste der USA und nach Alaska. Neben den Kabinen und Suiten gibt es an Bord Courtyard- und Garden-Villen. Wie alle Schiffe der Reederei ist auch die „Norwegian Pearl" mit allen erdenklichen Freizeitangeboten ausgestattet.

Der NCL Freestyle Cruiser „Norwegian Pearl" wurde 2006 in Miami getauft.

Wie alle Luxusliner von MSC Crociere, vertreten durch MSC Kreuzfahrten, München, trägt auch dieses 2006 bei der französischen Werft Chantiers de l'Atlantique in Saint-Nazaire gebaute Schiff einen musischen Namen: „MSC Musica". Auf dem 293,8 Meter langen Schiff genießen bis zu 3013 Gäste das Leben an Bord. Das elegante Schiff ist eine perfekte Kombination aus Tradition und Innovation. Ein großzügiger Bereich für Fitness und Wellness, Spiele und ein vielfältiges Animationsprogramm, eine Showbühne und andere Einrichtungen verwöhnen bei den Fahrten, die vor allem durch das östliche Mittelmeer führen.

Die schmucke „MSC Musica" hat zwei Schwesterschiffe, die 2007 in Dienst gestellte „MSC Orchestra" und die 2008 getaufte „MSC Poesia".

Die „MSC Musica" wurde 2006 von der Schauspielerin Sophia Loren in Venedig getauft.

Die 290,2 Meter lange „Costa Concordia" wurde 2006 bei dem italienischen Schiffbauunternehmen Fincantieri in Sestri fertiggestellt und ging im Mittelmeer auf Jungfernfahrt. Das Schiff der Reederei Costa Crociere, Genua, geht mit bis zu 3780 Passagieren, die von 1100 Besatzungsmitgliedern betreut werden, auf Kreuzfahrten. Seine Ausstattung besticht durch ein außergewöhnliches und prachtvolles Design. Von den 17 Decks stehen 14 den Gästen zur Verfügung.

Die „Costa Concordia" bietet den Passagieren schöne Salons und Bars,

„Costa Concordia", ein Costa Luxuscruiser von 2006.

feine Restaurants und großzügige Außendecks. Allein das Samara Spa, das exklusive Wellness-Center, umfasst eine Fläche von 2000 Quadratmetern.

Das erste Clubschiff der neuen AIDA-Generation wurde auf der Meyer Werft in Papenburg gebaut und während der Bauphase „AIDA Sphinx X" genannt. Seit seiner spektakulären Taufe mit Feuerwerk und Lichtspielen am 20. April 2007 in Hamburg trägt das 252 Meter lange Schiff den Namen „AIDAdiva". Die typische Bugbemalung mit dem roten Kussmund und den leuchtenden ägyptischen Augen bürgen für Spaß und Sport, für attraktive Aktionen und Wellness. Auf seine Kreuzfahrten geht das Schiff mit bis zu 2050 Passagieren.

← *Die „AIDAdiva" wurde 2007 getauft.*

→ *Das Theatrium des Clubschiffs erstreckt sich über drei Stockwerke.*

Wie alle Prinzessinnen der amerikanischen Princess Cruises, vertreten
durch Inter-Connect in München,
ist die junge „Emerald Princess"
ein Luxuscruiser der Sonderklasse.
Die schöne Prinzessin, 2007 bei Fin-
cantiere in Porto Marghera bei Venedig gebaut, ist 290 Meter lang

und hat 19 Decks. Maximal 3080
Passagiere, die von etwa 1160 Besat-
zungsmitgliedern betreut werden,
gehen mit dem Schiff vor allem im
Mittelmeer auf Kreuzfahrt. Für die
Unterhaltung der Passagiere, für
Sport und Wellness ist bestens ge-
sorgt. Die beiden Schwestern der

Die 2007 gebaute „Emerald Princess"
startet ihre Kreuzfahrten ins westliche
und östliche Mittelmeer von Venedig,
Barcelona und Rom aus.

„Emerald Princess" heißen „Crown
Princess" (Baujahr 2006) und „Ruby
Princess" (2008).

Die „Costa Serena" wurde 2006 bei Fincantieri in Italien gebaut – das größte italienische Schiffbauunternehmen ist neben der Meyer Werft in Papenburg, Aker Finnyards im finnischen Turku und Chantiers im französischen Saint-Nazaire auf den Bau solch großer Kreuzfahrtschiffe spezialisiert.

Das Luxusschiff gehört Costa Crociere mit Sitz in Genua, vertreten von Costa Kreuzfahrten, Neu-Isenburg. Die „Costa Serena" ist 290 Meter lang, ragt 17 Decks vom Wasser in den Himmel auf und bietet 3780 Passagieren und 1100 Crewmitgliedern großzügig Platz. Nicht nur eine Vielzahl von Restaurants, Bars und Lounges lädt ein, die Fahrt zu genießen: Zu den Freizeitangeboten zählen eine Kletterwand, ein Formel-1-

Simulator und das Samsara Spa, das sich auf zwei Decks mit einer Fläche von 2100 Quadratmetern erstreckt.

Die „Costa Serena" ist seit Mai 2007 in Fahrt. Seit 2009 hat sie die Schwestern „C. Pacifica" und „C. Luminosa".

Das 2007 gebaute Kreuzfahrtschiff „Fram" geht für die norwegische Reederei Hurtigruten auf Expeditionsreisen in die Antarktis und Arktis.

schers Fridtjof Nansen auf den Namen „Fram" getauft wurde. Mit bis zu 318 Passagieren geht die „Fram" auf Spitzbergen- und Grönlandfahrt, besucht die chilenischen Fjorde und die Antarktis. Den Passagieren, die mit Booten zu Forschungsausflügen starten, werden komfortable Kabinen, eine Sauna, Fitnessräume, Whirlpools und Vorlesungsräume geboten.

Zur fachkundigen Vertiefung der Ausflüge und Expeditionsfahrten werden die Reisenden von Lektoren und Wissenschaftlern begleitet, die Vorträge zu den Erlebnissen halten.

Bei Fincantieri in Triest wurde 2007 für die norwegische Reederei Hurtigruten, Bergen/Hamburg, dieses 114 Meter lange Expeditionskreuzfahrtschiff gebaut, das zur Erinnerung an das Schiff des Polarfor-

Das Kreuzfahrt- und Entdeckungsschiff „Alexander von Humboldt" fährt seit 2008 für Phoenix Reisen, Bonn.

Die „Alexander von Humboldt", die für Phoenix Reisen, Bonn, in Fahrt ist, wurde 1990 als „Crown Monarch" bei Union Naval de Levante in Valencia, Spanien, gebaut. Zwischenzeitlich von Cunard bereedert, wurde das Schiff 2008 rundum renoviert. Das 150,7 Meter lange Kreuzfahrtschiff verkehrt mit maximal 470 Passagieren unter anderem auf Routen in der Ostsee, im Mittelmeer und um Westeuropa, aber auch in der Arktis, der Antarktis und auf dem Amazonas. Die abenteuerlichen Anlandungen mit Schlauchbooten sind bei den Entdeckungsreisen besonders beliebt.

Bereits von 2005 bis 2008 fuhr in den Sommermonaten ein „Alexander von Humboldt" benanntes Kreuzfahrtschiff für Phoenix Reisen, das 1996 als „Minerva" für Swan Hellenic Cruises in Dienst gestellt worden war. Dieses Schiff, ursprünglich ein russisches Forschungsschiff, wird heute nach umfangreichen Umbauarbeiten unter seinem alten Namen „Minerva" von V. Ships Leisure in Monaco bereedert.

Neben der „Queen Mary 2" hat die berühmte Cunard Line, Southampton/Hamburg, seit 2007 eine neue Majestät auf See. Diese zweite Königin der Meere trägt den Namen „Queen Victoria" und läuft auch deutsche Häfen wie Hamburg und Bremerhaven an.

Bei dem italienischen Schiffbauunternehmen Fincantieri in Monfalcone entstanden, ist die 294 Meter lange „QV" ein Schiff von königlicher Anmut und Eleganz. Die bis zu 2014 Passagiere an Bord erwarten fünf Restaurants, zahlreiche Pubs, Cafés, Bars und Lounges sowie eine Fülle von Sport-, Wellness- und Unterhaltungsangeboten wie Kasino, Kino und Royal Court Theatre, Konzerte und Lesungen, Spiele und Quiz sowie Kunst-, Tanz- und Fechtunterricht. Zum Einkaufen gibt es die Royal Arcade Shops, zum Staunen das Cunardia Museum. Kindern und Kleinkindern stehen an Bord eigene Spielwelten zur Verfügung.

← *Das „Britannia", eines der Hauptrestaurants an Bord.*

→ *Die „Queen Victoria" ist seit Dezember 2007 in Fahrt.*

Die neueste Prinzessin der amerikanischen Princess Cruises, vertreten durch Inter-Connect in München, ist die strahlende „Ruby Princess", die im Oktober 2008 von Fincantieri in Monfalcone abgeliefert wurde. Nach der Überquerung des Atlantiks wurde das Schiff in Fort Lauderdale in Florida getauft und brach am 8. November 2008 zu seiner Jungfernfahrt auf.

Das 290 Meter lange Schiff für 3080 Passagiere und rund 1160 Crewmitglieder ist vor allem in der Karibik in Fahrt.

Zur luxuriösen Ausstattung gehören ein Atriumbereich im Stil einer italienischen Piazza, eine riesige Kinoleinwand unter den Sternen und für Verliebte, die sich trauen, die Hochzeitskapelle „Hearts & Minds".

← *Die 2008 in Dienst gestellte „Ruby Princess" ist eine strahlende Schöne.*

↑ *Die prächtige Piazza an Bord des neuen Princess-Cruisers.*

Auf der französischen Werft Chantiers de l'Atlantique in Saint-Nazaire wurde für MSC Cruises/MSC Kreuzfahrten ein Luxusschiff der Superlative gebaut, das im Dezember 2008 in Neapel auf den Namen „MSC Fantasia" getauft wurde. Das neue MSC-Flaggschiff mit einer Länge von 333 Metern kann bis zu 3274 Passagiere an Bord nehmen, um die sich 1325 Crewmitglieder kümmern.

Mittelpunkt am Tag und in der Nacht ist die große Piazza San Giorgio mit ihren Bars und Ladengeschäften. Selbstverständlich gibt es Spiel und Spaß für alle großen und kleinen Gäste an Bord – zum Beispiel einen Formel-1-Rennsimulator, ein 4D-Kino und eine Teen Disco. Der exklusive VIP-Bereich „MSC Yacht Club" ist 5000 Quadratmeter groß. Zu den Innovationen der Schiffbautechnologie zählen auch Systeme zum Schutz der Umwelt. Schwestern sind „MSC Splendida" (2009) und „MSC Magnifica" (2010).

← *Ein Teil der Piazza San Giorgio.*

→ *Die „MSC Fantasia" ist seit 2008 das neue MSC-Flaggschiff.*

Der 2008 umfangreich renovierte Sil-versea-Expeditionscruiser wurde zu Ehren des regierenden Fürsten von Monaco auf den Namen „HSH Prince Albert II" getauft.

Aviation & Tourism International, Alzenau.

Das 108 Meter lange und mit allem Komfort ausgestattete Schiff besitzt die Eisklasse 1A (Eisdicke bis 0,8 Meter). Mit 132 Passagieren und 111 Crewmitgliedern, zu denen auch Wissenschaftler zählen, bricht es zu Expeditionen nach Grönland, Alaska oder Spitzbergen auf, wo mit Zodiac-Schlauchbooten die Eis-bären besucht werden. Die Silver-sea-Expeditionsreisen mit „Prince Albert II" führen auch zu fernen Südseeinseln.

Schon 1989 wurde in Finnland ein Schiff gebaut, das als „World Disco-verer" in Fahrt war. 2008 wurde es auf die italienische Werft Fincantieri gegeben. Durch die umfassenden Renovierungsarbeiten entstand ein neues Schiff für die Reederei Silver-sea Cruises, Monaco, betreut von

Das bislang neueste Clubschiff von AIDA Cruises, Rostock, ist die schmucke „AIDAluna", die 2009 in Dienst gestellt wurde. Die Schönheit ist die jüngste Schwester der 2007 getauften „AIDAdiva" und der 2008 abgelieferten „AIDAbella" und wurde wie diese auf der Meyer Werft in Papenburg gebaut. „AIDAluna" ist wie ihre Schwestern 252 Meter lang und hat 1025 Passagierkabinen und Suiten. Die Crew besteht aus 607 Besatzungsmitgliedern. Zum „Body-&-Soul"-Angebot gehören ein Aromabad, Thalasso und eine Wellness-Oase, außerdem gibt es vielfältige Sporteinrichtungen sowie Bars und Restaurants für jeden Geschmack.

Die 2009 in Dienst gestellte „AIDAluna" ist das jüngste Clubschiff von AIDA Cruises.

Unter anderem ein Kasino, ein Kino und ein Theatrium sorgen dafür, dass keine Langeweile aufkommt. Die Kleinen haben ihren großen Spaß im Kids Club.

Die 2009 gebaute „Carnival Dream"
ist das größte Fun Ship der Kreuzfahrtgesellschaft Carnival Cruise Lines, vertreten durch Inter-Connect,
München.

Das 306 Meter lange Schiff
für 3646 Passagiere ist ein großer
Kreuzfahrertraum, der Wirklichkeit
wurde, und eine Klasse für sich: So
begründet es bei Carnival, wo es bereits die Klassen Holyday, Fantasy,
Destiny, Triumph, Conquest, Splen-
dor und Spirit gibt, eine neue Klasse,
die Dream Class.

Das bei dem italienischen
Schiffbauunternehmen Fincantieri
in Monfalcone gebaute Schiff bietet
alles, was sich große und kleine
Gäste auf einer Kreuzfahrt wünschen: Sport, Wellness und Unterhaltungsangebote jeglicher Art.

↑ *Shows vom Broadway und aus Las
Vegas begeistern die Passagiere.*

→ *„Carnival Dream", Baujahr 2009,
das größte Carnival Fun Ship.*

„Mein Schiff" ist das erste Schiff der neuen TUI Cruises GmbH, Hamburg, einem Gemeinschaftsunternehmen der TUI AG und der US-amerikanischen Reederei Royal Caribbean Cruises Ltd.

Der Luxusliner wurde von dem Musik- und TV-Star Ina Müller am 15. Mai 2009 in Hamburg auf den Namen „Mein Schiff" getauft. Zuvor war er auf der Lloyd Werft in Bremerhaven von Grund auf renoviert und modernisiert worden. Auf der Meyer Werft in Papenburg 1996 gebaut, war das Schiff zunächst als „Galaxy" für die US-Reederei Celebritiy Cruises in Fahrt.

Das schöne 263,9 Meter lange Schiff hat 974 Passagierkabinen, zehn Restaurants und Bistros, die Fläche des Sonnendecks beträgt fast 12.000 Quadratmeter. Im großen Sportbereich gibt es auch Coaching-Angebote, der Spa-Bereich bietet Fitness und Wellness auf 1700 Qua-

← „Mein Schiff", das erste Kreuzfahrtschiff von TUI Cruises, wurde 2009 in Hamburg getauft.

→ Abendstimmung an Bord des TUI Cruisers.

dratmetern. Nightlife-Shows, Varieté und Kasino bieten mondäne und anspruchsvolle Unterhaltung. Im Kidsclub erleben die jungen Passagiere den Piratenalltag, Betreuerinnen und Betreuer sorgen für altersgerechte Sport- und Spielangebote und machen die Kinder mit Umwelt- und Meeresschutz vertraut.

„Mein Schiff" geht in Ost- und Nordsee, im Mittelmeer und in der Karibik auf Kreuzfahrt.

Das größte Kreuzfahrtschiff der Welt, die „Oasis of the Seas", wurde 2009 bei der finnischen Werft Aker Yards in Turku für die Reederei Royal Caribbean Cruise Line gebaut. Das 360 Meter lange Schiff, das bis zu 5400 Passagieren großzügig Platz bietet, begründet bei Royal Caribbean eine neue Klasse, die Oasis-Klasse. Ab 2010 ist das Schwesterschiff „Allure of the Seas" (Verlockung des Meeres) in Dienst.

Die „Oasis of the Seas" gleicht in der Tat einer Oase im Meer: Schließlich ist der Mittelpunkt des Schiffs ein großer Central Park. Auf 16 Passagierdecks wird alles aufgeboten, was Technologie und Design möglich machen, um die Passagiere zu verwöhnen und zu unterhalten. So gibt es einen den englischen Küstenpiers nachempfundenen Boardwalk mit kleinen Läden, Imbissständen und Jahrmarktattraktionen. Das AquaTheater lädt ein zu Tauchkursen und Shows.

← „Oasis of the Seas" von Royal Caribbean – bei Indienststellung 2009 das größte Kreuzfahrtschiff der Welt.

→ Die Rising Tide Bar des Megaliners.

Kreuzfahrtschiffe auf den Flüssen der Welt

Immer beliebter werden die Kreuzfahrten auf den europäischen Flüssen wie Rhein und Main, Elbe und Moldau, Donau, Rhône und Saône, Wolga und Dnepr. Exotische Flüsse wie der Nil in Ägypten, der Irawadi in Myanmar oder der Amazonas in Südamerika verführen erlebnishungrige Touristen zu außergewöhnlichen Reisen.

Bei den Flusskreuzfahrten gibt es für jeden Geschmack das richtige Schiff und den richtigen Fluss. Unberührte Landschaften in der Stille

Zwei A-ROSA-Kreuzfahrtschiffe begegnen sich auf der Donau.

der Natur und malerische Sonnenuntergänge gehören zu einer solchen Kreuzfahrt wie der erlesene Komfort und vielfältige Unterhaltungsangebote an Bord. Viele Flusskreuzfahrtschiffe sind mit Sauna, Pool und Fitnessstudio ausgestattet. Bei einigen Reedereien und Reiseveranstaltern stehen auch Themenkreuzfahrten unter anderem für Gartenfreunde, Golfer, Weingenießer oder Wanderer auf dem Programm. Bei den Landgängen sind die Sehenswürdigkeiten von Natur und Kultur zu besichtigen.

Auf den folgenden Seiten wird eine kleine Auswahl der vielen schönen Schiffe vorgestellt, die auf den Flüssen dieser Welt Kreuzfahrten unternehmen. Dazu zählen die traditionsreichen Schiffe auf den Strömen Russlands. Zum Teil sind diese Schiffe auf deutschen Werften gebaut worden. Immer wieder modernisiert, haben sie ihren nostalgischen Charme nicht verloren.

Neuartige Schiffe sind die Twin-Cruiser, bei denen Fahrgastbereich und Antriebseinheit nicht mehr in einem Schiffskörper vereint sind; die getrennten Bauteile sind miteinander gekuppelt. Auf diese Art und Weise wird eine besonders ruhige Fahrt garantiert.

Dem komfortablen Kreuzfahrtschiff „Alexander Griboedov" wird eine russische Seele nachgesagt. Das Schiff ist zwischen Moskau und Sankt Petersburg für Transocean Tours Touristik, Bremen, unterwegs. Die 260 Passagiere erleben auf Wolga, Swir und Newa die weite Landschaft und bei den Landausflügen die vielen Sehenswürdigkeiten der Städte am Ufer.

Das 125 Meter lange, nach einem russischen Satiriker und Diplomaten benannte Schiff wurde 1982 auf der Elbewerft Boizenburg gebaut und 2005 umfassend renoviert und modernisiert. „Alexander Griboedov" ist großzügig mit vier Decks und einem Sonnendeck versehen. An Bord des Schiffes werden nicht nur russische Speisen aufgetischt, sondern auch russische Sprachkurse, Spiele, Themenabende, Tanzmusik und Folklore geboten.

Die 1982 in Dienst gestellte „Alexander Griboedov" ist für Transocean Tours auf den großen Flüssen Russlands in Fahrt.

Die luxuriöse „Mozart" wurde 1987 bei der Deggendorfer Werft und Eisenbau GmbH gefertigt. Seit 1993 gehört das Schiff zur Peter Deilmann Reederei mit Sitz in Neustadt in Holstein an der Ostsee und trägt das Prädikat „Königin der Donau". An Bord des 120,6 Meter langen Schiffs gibt es unter anderem ein Wellness Spa mit Innenschwimmbad, Whirlpool, Sauna sowie Massage- und Kosmetikkabinen.

Die „Mozart", eines der kleinen Deilmann-Traumschiffe, ist zwischen Passau und dem Schwarzmeer sowie auf Themenfahrten unterwegs. Bei

Die 1987 gebaute „Mozart" ist für die Peter Deilmann Reederei auf der Donau in Fahrt.

jeder Fahrt wird für die bis zu 207 Passagiere ein zauberhafter Opernball veranstaltet und jeden Abend ertönt eine kleine Nachtmusik.

Ebenfalls für die Peter Deilmann Reederei in Fahrt ist die 97,8 Meter lange „Dresden", die 1991 bei der Deggendorfer Werft und Eisenbau GmbH fertiggestellt wurde. Das schöne Schiff hat zwei Decks und ein Sonnendeck. An Bord gibt es ein Panorama-Restaurant, eine Lounge, eine Bar, eine Bibliothek, eine Boutique, einen Friseursalon, eine Sauna und ärztliche Betreuung. Die bis zu 108 Passagiere genießen die schönen Flusslandschaften und sehenswerten Städte an den Elbufern zwischen Dresden, dem gerühmten Elbflorenz, und Hamburg, dem Tor zur Welt.

Das 1991 gebaute Flusskreuzfahrtschiff „Dresden" ist für die Peter Deilmann Reederei auf der Elbe unterwegs.

Das 1992 in China gebaute Fahrgastschiff „Yangtze Pearl" mutet wie eine prächtige schwimmende Pagode mit fünf Stockwerken an. Für Transocean Tours, Bremen, ist das 87,2 Meter lange Schiff mit bis zu 150 Passagieren auf dem Yangtze in Fahrt. Die berühmten drei Schluchten Qutang, Wuxia und Xiling sowie der gigantische Drei-Schluchten-Staudamm werden passiert, die Aussicht auf den Fluss und die vielfältigen Uferlandschaften lassen sich auch vom Sonnendeck aus genießen. Das Küchenteam des prächtigen Flussschiffs bringt europäische und asiatische Köstlichkeiten auf den Tisch.

„Yangtze Pearl", ein chinesisches Schiff von 1992, ist für Transocean Tours in Fahrt.

Phoenix Reisen ist ein Spezialist für Kreuzfahrten auf den Seen und Flüssen der Welt. Unter der Flagge des Kreuzfahrtunternehmens mit Sitz in Bonn fährt eine ganze Flotte von Nilschiffen. Zu den Schiffen der First-Class zählen die „King of Egypt", die „King Tut II", die „King Tut III", die „Al Fostat" und die „Zena". Zur Komfort-Class gehören die „Tania" auf dem Nassersee und die Nilschiffe „Ramses I", „Ramses III", „Egyptian Princess", „Nile Marquis I", „Nile Quality" und „Nile Supreme". Die Schiffe werden regelmäßig renoviert sowie von ägyptischen und internationalen Klassifizierungsbüros wie Lloyd's überprüft.

Die „Nile Supreme", ein Nilschiff von 1993, fährt unter Phoenix-Flagge.

Die „Nile Supreme", 1993 in Ägypten gebaut, ist ein 72 Meter langes Schiff mit vier Decks, einem Sonnendeck und einem Swimming-pool. Die 68 Außenkabinen und sechs Suiten sowie die Bar und das Panorama-Restaurant sind vollklimatisiert.

Auch die 1995 für die Reederei Princess River Cruises gebaute „Rhein Princess" gehört zur Fluss-flotte von Phoenix Reisen, Bonn. Über dem Rhein-, dem Mosel- und dem Promenadendeck liegt das große Sonnendeck mit dem Swim-mingpool. Für das Wohlgefühl der 120 Gäste an Bord sorgen eine auf-merksame Crew, ein gemütliches Restaurant, ein behaglicher Salon mit Bar, ein Spiel- und Lesezimmer, eine Panorama-Lounge und eine Sauna. An Bord werden Tanzabende mit Live-Musik veranstaltet.

Die 83 Meter lange „Rhein Prin-cess", ein Schiff der Mittelklasse, ist vor allem auf dem romantischen Rhein in Fahrt, besucht die Loreley und das Feuerwerksspektakel „Rhein in Flammen".

Die 1995 gebaute „Rhein Princess" gehört zu den beliebtesten Kreuzfahrtschiffen der Phoenix-Flussflotte.

Die 2001 in Dienst gestellte „Pandaw"
fährt für Phoenix Reisen in Myanmar
den Irawadi stromaufwärts.

keiten am Strom bis hinauf in das
berühmte Mandalay mit seinen
buddhistischen Klöstern und Tem-
peln.

Die 50 Meter lange „Pandaw",
2001 auf der niederländischen
Scheepswerf Grave im Kolonialstil
gebaut, gehört zu Ayravata Cruises
in Myanmar und fährt unter Charter
von Phoenix Reisen, Bonn. Auf dem
Brahmaputra in Ostindien hat der
Bonner Reiseveranstalter außerdem
die 2003 gebaute „Charaidew" in
Fahrt; weitere Schiffe sind für Phoenix Reisen auch auf Flüssen in Kam-
bodscha, Vietnam und China unterwegs.

Der Irawadi durchfließt Myanmar
(Birma) und mündet in Yangon
(Rangun) in den Indischen Ozean.
Hier in der Hauptstadt des südost-
asiatischen Vielvölkerstaats beginnt
die Flussfahrt der „Pandaw" mit 32
Passagieren flussaufwärts zu den Pa-
goden und anderen Sehenswürdig-

Die zwei eleganten und luxuriösen Flussyachten „River Cloud" und „River Cloud II" befahren für die Reederei Sea Cloud Cruises mit Sitz in Hamburg die schönsten Flüsse Europas. Der Rhein ab Basel, der romantische Rhein mit Loreley und Burgen, das Rheindelta in den Niederlanden, die Mosel, der Main, die Donau auf Teilstrecken bis zum Schwarzen Meer gehören zu den Reisegebieten der beiden Schiffe, die 2001 gebaut wurden. Auf den beiden 103 Meter langen Schiffen finden jeweils bis zu 88 Passagiere Platz, die von 35 Crewmitgliedern betreut werden.

Die 2001 fertiggestellte Flussyacht „River Cloud II" ist auf Rhein, Main, Donau und Mosel unterwegs.

Die Peter Deilmann Reederei, Neustadt in Holstein, ist ein traditionsreiches Unternehmen, das mit dem 1998 gebauten Traumschiff „Deutschland" glanzvoll an die Kreuzfahrttradition der 1920er- und 30er-Jahre angeknüpft hat. Auch in der Flusskreuzfahrt blickt Deilmann auf eine mehr als 25 Jahre lange Erfahrung zurück.

Zur Flotte der kleinen Traumschiffe der Reederei gehört die 83 Meter lange „Frederic Chopin", die 2002 von der Schiffbau- und Entwicklungsgesellschaft in Tangermünde abgeliefert wurde. Ihr Fahrgebiet reicht von Potsdam an der Havel über die Elbe bis nach Prag an der Moldau sowie von Potsdam über die Oder zur Ostsee. Zu den Annehmlichkeiten an Bord gehören ein Restaurant und ein Sonnendeck. Zur Abendunterhaltung an Bord zählt auch die Musik von Frédéric Chopin.

Das kleine Deilmann-Traumschiff „Frederic Chopin" ist seit 2002 in Dienst.

Für die Flussfahrten von A-ROSA, einem Tochterunternehmen der Deutschen Seereederei (DSR) in Rostock, werden seit 2001 Luxusflussschiffe bei der Neptun Stahlbau GmbH in Rostock-Warnemünde gebaut.

Auf dem Rhein fährt seit 2009 die „A-ROSA Aqua", auf Rhône und Saône fahren die „A-ROSA Luna" sowie die „A-ROSA Stella" und auf der Donau die „A-ROSA Bella", die „A-ROSA Mia", die „A-ROSA Riva" sowie die 2002 gefertigte „A-ROSA Donna". Das letztgenannte, hier abgebildete Schiff ist wie seine schönen Donauschwestern 124,5 Meter lang. Für seine maximal 242 Gäste ist es mit vielen Annehmlichkeiten ausgestattet, zu denen unter anderem eine Sauna, eine Bühne und eine Tanzfläche zählen.

Das Donauschiff „A-ROSA Donna" gehört seit 2002 zur A-ROSA-Flotte.

Die schöne „Swiss Corona" ist mit bis zu 150 Passagieren auf dem Rhein von Basel bis Amsterdam, kreuz und quer in den Niederlanden sowie auf der Mosel und dem Main unterwegs. Das 110 Meter lange komfortable Schiff wurde 2004 auf der niederländischen de-Hoop-Werft in Lobith gebaut und ist für Scylla Tours, Basel/Transocean Tours Touristik, Bremen, in Fahrt.

Ausgestattet ist die „Swiss Corona" mit einem Salon, Bars, einer Lido-Terrasse, einem Sonnendeck mit Whirlpool, einem Wellness-Bereich mit Sauna, einem Dampfbad und einem Solarium.

→ *Die 2004 getaufte „Swiss Corona" wurde liebevoll mit Jugendstilelementen dekoriert.*

↑ *Die elegante Lobby der „Swiss Crown", die wie die „Swiss Corona" für Transocean Tours in Bremen in Fahrt ist.*

Das kleine Traumschiff „Heidelberg", 2004 gebaut und 110 Meter lang, gehört zur Flotte der Reederei Peter Deilmann, Neustadt in Holstein. Das schwimmende Luxushotel für bis zu 110 Gäste ist ausgestattet mit einem Panorama-Restaurant, einem Café, einer Bar, einer Lounge, einer Bibliothek und einem großen Fitnessbereich mit Spa.

Die Passagiere genießen auch das Sonnendeck mit Putting Green, Schach und Shuffleboard. Die Reisen führen kreuz und quer durch die Niederlande, den romantischen Rhein mit seinen Burgen und Weinstädtchen entlang. Aus der exquisiten Bordküche kommen die Köstlichkeiten der Region und der Saison auf den Tisch. So ist jede Fahrt zugleich ein kulinarisches Erlebnis.

Die 2004 in Dienst gestellte „Heidelberg" ist ein Deilmann-Luxushotel.

Der Deutsch-Brasilianer Carlos Probst und sein Team führen die Reederei Amazon Clipper Cruises, die mehrere Schiffe auf dem Amazonas und seinem Nebenfluss Rio Negro in Fahrt hat. Das jüngste Fluss-Expeditionsschiff der Reederei ist die „Amazon Clipper Premium", die 2005 für die Fahrt in flachen Gewässern gebaut wurde. Das 32 Meter lange Schiff hat vier Passagierdecks sowie ein Sonnendeck mit Whirlpool. Bis zu 32 Fahrgäste gehen mit der „Amazon Clipper Premi-

„Amazon Clipper Premium", ein Amazon/Phoenix-Flusscruiser von 2005.

um", die über 16 Außenkabinen verfügt, auf Fahrt. Die brasilianische Reederei wird von Phoenix Reisen in Bonn vertreten.

Auf Rhône und Saône fahren die schmucken A-ROSA-Schwestern „A-ROSA Luna" und „A-ROSA Stella", die 2005 auf der Neptun Werft in Rostock-Warnemünde gebaut wurden. Die 125,8 Meter langen Schiffe fahren mit bis zu 174 Gästen über Lyon, Viviers, Châteauneuf-du-Pape und Avignon bis Arles, manchmal bis Port Saint-Louis am Mittelmeer.

Die Einrichtungen an Bord umfassen Swimmingpool, Großfiguren-Schach, Putting Green, Shuffleboard, Lounge, Weinwirtschaft, Marktrestaurant, Tanzfläche/Bühne, Bar, Bereich für Wellness & Beauty mit Massage- und Fitnessraum sowie verschiedenen Saunen.

Die „A-ROSA Stella" gehört seit 2005 zur A-ROSA-Flussschiff-Flotte.

Die „Bellevue" der Premicon AG, München, die für Transocean Tours Touristik GmbH, Bremen, in Fahrt ist, hat wegen ihrer neuartigen Konstruktion als TwinCruiser den Ship-Pax-Preis 2006 erhalten. Das auf der Neptun Werft in Rostock-Warnemünde gebaute Luxusschiff besteht aus zwei Schiffskörpern. Der 110 Meter lange Fahrgastbereich ist mit der 25 Meter langen Antriebseinheit, die die Maschinenanlage und den Mannschaftsbereich enthält, gekuppelt. Dadurch ist gewährleistet, dass die maximal 239 Gäste eine ruhige und vibrationslose Fahrt genießen. Die schmucke „Bellevue", deren modernes Baukonzept längst Schule gemacht hat, ist zwischen Düsseldorf und dem Schwarzen Meer unterwegs.

Die „Bellevue", ein neuartiger und erfolgreicher Typ des TwinCruisers, ist seit 2006 für Transocean Tours in Fahrt.

Kreuzfahrten unter Segeln

Die Geschichte der Seefahrt ist jahrtausendelang die der Segelschiffe.

Heute wecken Segelschiffe die Sehnsucht, mit vollen Segeln über See zu jagen, zu fremden Küsten hinter dem Horizont zu reisen und Abenteuer zu erleben. Solche Träume lassen sich erfüllen: Historische Segelschiffe, restauriert oder zu Fahrgastschiffen unter Segeln umgebaut, gehen auf Törns und Kreuzfahrten, moderne und elegante Kreuzfahrtschiffe unter

Die legendäre Viermastbark „Sea Cloud" von 1931 ist für Sea Cloud Cruises in Fahrt.

Segeln laden zu nostalgischen Seefahrten ein.

Immer noch in Fahrt ist die berühmte „Sea Cloud". Als Luxusyacht „Hussar II" für den amerikanischen Geschäftsmann Edward F. Hutton wurde 1931 auf der Germaniawerft in Kiel eine 109,5 Meter lange Viermastbark gebaut. Von dem neuen Eigner Joseph E. Davies, US-Botschafter in der Sowjetunion, erhielt sie den Namen „Sea Cloud" und lag im Hafen von Leningrad, dann in Antwerpen, bis sie 1942 an die amerikanische Coast Guard verliehen wurde. 1955 kaufte der dominikanische Diktator Rafael Trujillo die „Sea Cloud" und nannte sie nach seiner Tochter „Angelita". In den folgenden Jahrzehnten wechselten immer wieder die Eigner und mit ihnen die Namen des Schiffs.

1978 entdeckte der deutsche Kapitän Hartmut Paschberg das einst schöne Schiff in Colón in Panama. Er überführte es nach Hamburg, wo es restauriert und renoviert wurde und seine Auferstehung als „Sea Cloud" feierte. Seitdem setzt die „Sea Cloud" ihre 30 Segel mit einer Gesamtsegelfläche von 3000 Quadratmetern in den Wind und geht für die Reederei Sea Cloud Cruises, Hamburg, auf Kreuzfahrten.

Die Barkentine „Peace" ist als Kreuzfahrtsegler für die Kings Lake Shipping
Co. in Fahrt.

Von 1990 bis 1992 wurde der
Trawler zum Segelschulschiff umgebaut. Fortan erlebten polnische Ka-
detten und junge Menschen vieler
anderer Nationen das Abenteuer
der Schifffahrt unter Segeln auf
der 79,8 Meter langen Barkentine,
einem auch Schonerbark genannten
Schiffstyp, der nur am Fockmast,
dem vorderen Mast, vollgetakelt ist.

Inzwischen verkauft, fährt das
Schiff, dessen 16 Segel eine Gesamtfläche von 2280 Quadratmetern
haben, als „Peace" unter der Flagge
der Grenadinen als Kreuzfahrtsegler
für die Kings Lake Shipping Co. auf
Malta.

Der Ozeantrawler „Swi 180 Goplo"
wurde 1962 als Fischerei- und
Mehrzweckfahrzeug in Gdansk gebaut und war in den folgenden
Jahren als Expeditions- und Forschungsschiff weltweit im Einsatz –
von den Falklandinseln bis zur Ba-
rentssee.

Ein Segelschiff der neuen Generation ist die elegante „Wind Star", die 1986 auf der französischen Werft Ateliers et Chantiers du Havre als stählerner Viermast-Stagsegelschoner gebaut wurde. In den folgenden zwei Jahren entstanden auf der traditionsreichen Werft auch die beiden Schwesterschiffe „Wind Song" und „Wind Spirit".

Die sechs Segel an den 62 Meter über dem Meeresspiegel hohen Masten des 134 Meter langen Schiffs bringen eine Segelfläche von 2000 Quadratmetern in den Wind. Die Segel werden mithilfe eines Computers, der die Wind- und Wetterverhältnisse berechnet, in Minutenschnelle gesetzt oder geborgen. Bei Windstille hilft ein Hilfsmotor, die „Wind Star" in Fahrt zu halten. Für die Bedienung des Seglers reichen 22 Besatzungsmitglieder. Bis 148 Passagiere gehen mit dem Schoner auf Kreuzfahrt durch das Mittelmeer, über den Ozean und in der Karibik. Wie ihre Schwesterschiffe ist die „Wind Star" mit allem erdenklichen Luxus ausgestattet, unter anderem findet sich eine Marina am Heck. Die Schiffe der zur Holland America Line gehörenden Kreuzfahrtgesellschaft Windstar Cruises segeln unter der Flagge der Bahamas.

„Wind Star", Baujahr 1986, ein Stagsegelschoner der Windstar Cruises.

Der 1989 gebaute Luxussegler „Wind Surf" ist für Windstar Cruises in Fahrt.

Die 187,2 Meter lange „Wind Surf" ist ein Großsegler neuen Typs für das Computerzeitalter. Der elegante Fünfmastschoner bringt mithilfe von Computern seine sieben Segel mit einer Segelfläche von 2500 Quadratmetern in wenigen Minuten in den Wind. Das Luxuskreuzfahrtschiff segelt mit bis zu 380 Passagieren im Mittelmeer, über den Atlantik und in der Karibik.

Die „Wind Surf" wurde 1989 bei der französischen Werft Ateliers et Chantiers du Havre in Le Havre als „La Fayette" gebaut und als „Club Med 1" in Dienst gestellt. 1997 wurde das Schiff an Windstar Cruises abgegeben und fährt seitdem unter der Flagge der Bahamas. Als jüngere Schwester ist die „Club Med 2", Baujahr 1992, in Fahrt.

„Le Ponant", Baujahr 1991, ein Stag-segelschoner der Ponant Cruises.

„Le Ponant" wurde 1991 als Dreimast-Stagsegelschoner gebaut und ist mit einer Länge von 88 Metern das kleinste Schiff dieses neuartigen Kreuzfahrtsegler-Schiffstyps. Die fünf Segel an drei Masten – darunter drei große Stagsegel – werden mittels Computer gesetzt und bedient. Die gesamte Segelfläche von 1500 Quadratmetern erlaubt eine Geschwindigkeit bis zu 12 Knoten. Für die 64 Passagiere und die 32 Crewmitglieder ist „Le Ponant" mit ihren vier Decks ein Luxushotel auf See. In Fahrt ist das Schiff für die französische Reederei Ponant Cruises, betreut von Aviation & Tourism International, Alzenau.

Die Verwandtschaft der „Le Ponant" mit den gleichfalls bei der französischen Werft Ateliers et Chantiers du Havre gebauten Stagsegelschonern „Wind Star", „Wind Surf" und „Club Med 2", die auf den Seiten 133, 134 und 136 dieses Buches vorgestellt werden, ist offensichtlich.

Die 1992 gebaute „Club Med 2" ist ein moderner Luxussegler des Club Méditerranée.

Schwester der „Wind Surf", die auf Seite 134 vorgestellt wird. Die fünf Stag- sowie das Besan- und das Focksegel, die eine Fläche von 2500 Quadratmetern haben, werden mittels Computer gesetzt und überwacht. So können sich die rund 200 Crewmitglieder vornehmlich um die bis zu 392 Passagiere kümmern.

Die 1996 komplett renovierte Segelyacht ist mit einem zusätzlichen Motor und mit einer Anlage zum Krängungsausgleich ausgestattet. Das Schiff bietet seinen Gästen Restaurants und Bars, Fitnessräume und Spa sowie eine zum Meer hin offene Wassersporthalle.

Das jüngste Luxusschiff des Club Méditerranée, die „Club Med 2", wurde 1992 bei der französischen Werft Ateliers et Chantiers du Havre gebaut. Der 187,2 Meter lange Kreuzfahrtsegler ist eine jüngere

Vorbilder für die beiden Luxussegler „Star Clipper" und „Star Flyer" waren die Schiffe des berühmten kanadisch-US-amerikanischen Schiffbauers Donald McKay, der Mitte des 19. Jahrhunderts legendäre Clipper wie die „Sovereign of the Seas" entworfen hatte. Die Zwillingsschwestern „Star Clipper" und „Star Flyer" wurden 1992 bei der belgischen Werft Langerbrugge in Gent für Star Clipper Cruises, Monaco/Miami/Langenhagen, gebaut. Die Viermast-Schonerbarken mit vier Passagierdecks sind 115,5 Meter lang. Die 16 Rollsegel mit einer Fläche von 3365 Quadratmetern werden per Computer bedient. Rund 70 Crewmitglieder sorgen dafür, dass die bis zu 170 Gäste Segelromantik mit allem Luxus genießen können.

Die 1992 fertiggestellten Schonerbarken „Star Clipper" und „Star Flyer" sind für Star Clipper Cruises in Fahrt.

Der Reeder Peter Deilmann in Neustadt in Holstein, bekannt für das Traumschiff „Deutschland", ließ 1994 auf der Elsflether Werft an der Unterweser eine 74 Meter lange Barkentine mit 15 Segeln (Gesamtfläche: 1200 Quadratmeter) bauen. Deilmann nannte das Schiff „Lili Marleen" nach dem von Lale Andersen gesungenen Lied, das im Zweiten Weltkrieg die Soldaten aller Nationen in ihrem Friedenswunsch einte.

Im Jahr 2004 fand der Windjammer in Malaysia eine neue Heimat. Von hier geht er unter weißen Segeln auf Fahrt durch die bezaubernde Inselwelt der Südsee.

„Lili Marleen", eine 1994 für die Reederei Peter Deilmann gebaute Barkentine.

Der niederländische Kapitän Aent Kingma aus Stavoren entwarf einen rahgetakelten Zweimaster und ließ ihn 1994 auf der Werft von J. M. de Vries in Lemmer bauen. Das mit aller Liebe bis ins Detail einer Brigg nachgebaute Schiff wurde auf den Namen „Aphrodite" getauft. Die Galionsfigur stellt die Göttin der Liebe dar. Das 31 Meter lange Schiff mit einem Klippersteven entspricht den Briggs aus der Zeit um 1850. Mit einer Segelfläche von 383 Quadratmetern ist die „Aphrodite" auf Nord- und Ostsee unterwegs. Kapitän Kingma kann bis zu 32 Mitsegler an Bord nehmen, die in luxuriösen Kabinen wohnen.

Die Brigg „Aphrodite" wurde 1994 für Kapitän Aent Kingma gebaut.

Das Schiffskonstruktionsbüro Herward W. A. Oehlmann
mit Sitz in Lübeck-Travemünde entwarf die 1997 in Dienst
gestellte Barkentine „Mary-Anne" nach dem Vorbild der
klassischen Klipper des 19. Jahrhunderts. Der auf der pol-
nischen Werft Radunia in Gdansk und bei den Gebrüdern
Friedrich in Kiel gebaute schnittige Großsegler hat wie ein
Klipper einen langen Bug und ein überhängendes Heck.
Mit ihren 16 Segeln bringt die „Mary-Anne" eine Segelfläche von 960 Quadratmetern in den Wind. Die auch Schonerbark genannte Barkentine ist ein Dreimaster mit einem
vollgetakelten Fockmast.

Ab 1997 war die „Mary-Anne" für die Segeltouristik
Meyer zur Heyde mit Sitz in Laboe in Fahrt. Die komfortablen Kabinen boten bis zu 50 Passagieren Platz.

Ab 2000 segelte die „Mary-Anne" in den Gewässern
der Arabischen Emirate auf den Spuren Sindbads des
Seefahrers. 2004 gelangte das schöne Schiff unter die
Flagge von Panama, 2006 wurde es auf Malta versteigert.

*Die schnelle Kreuzfahrt-Barkentine „Mary-Anne" wurde
1997 in Dienst gestellt.*

Die 1931 gebaute und 1978 rundum restaurierte legendäre „Sea Cloud", die auf Seite 130 abgebildet ist, erfreut
sich so großer Beliebtheit, dass die Hamburger Reederei
Sea Cloud Cruises 2000 eine neue „Sea Cloud" bauen
und 2001 in Dienst stellen ließ. Das neue Schiff hat zwar
im Traditionsschiff sein Vorbild, ist aber kein Nachbau.
So sind die beiden Schiffe keine Schwestern, sie können
aber durchaus als Cousinen bezeichnet werden.

Gebaut wurde die „Sea Cloud II" bei der spanischen
Werft Astilleros Gondan in Figueras. Die Windjammer ist
117 Meter lang. Die 24 Segel ergeben eine Fläche von
2800 Quadratmetern. Ein Motor sorgt bei widrigen oder
fehlenden Winden für Antrieb. Die Dreimastbark präsentiert sich als elegante Luxusyacht mit allem Komfort und
modernster Technik. Bis zu 96 Passagiere und 56 Crewmitglieder gehen in den Revieren der älteren „Sea Cloud"
auf romantische Kreuzfahrten. Ab 2010 ist die neue
große „Sea Cloud Hussar" in Fahrt.

*Die 2001 in Dienst gestellte Bark „Sea Cloud II" bietet Segel-
romantik pur.*

Knapp 100 Jahre nach dem Bau des größten Fracht-Fünfmastvollschiffs der Welt, des 133,5 Meter langen Flying-P-Liners „Preußen" (Baujahr 1902), entstand im Jahr 2000 auf dem Merwede Shipyard in Rotterdam das größte Vollschiff der Welt: Die „Royal Clipper" der Reederei Star Clippers, Monaco/Miami/Langenhagen, ist unbestritten die Königin der Meere.

Das Vier-Sterne-Luxuskreuzfahrtschiff in Volltakelung ist 134 Meter lang, an seinen fünf Masten trägt es 42 Segel mit einer Segelfläche von 5202 Quadratmetern. Mit bis zu 227 Passagieren und 100 Besatzungsmitgliedern kreuzt das luxuriöse Segelschiff auf allen Ozeanen der Welt. Die Gäste genießen das Leben an Bord und die einzigartige Windjammer-Romantik.

← Die Gesamtfläche der 24 Rah- und 15 Stagsegel der „Royal Clipper" beträgt 5202 Quadratmeter.

→ Das Fünfmastvollschiff wurde 2000 im Fürstentum Monaco von Königin Silvia von Schweden getauft.

Abbildungsnachweis

Wenn hier nicht anders angegeben, stammen die Abbildungen von den Reedereien und Reiseveranstaltern, denen an dieser Stelle nochmals gedankt sei.

Blohm + Voss AG, Hamburg (8, 33); **DSM Deutsches Schiffahrtsmuseum**, Bremerhaven (12, 14, 17, 21, 28); **Günther Todt**, Marinemaler, Hamburg (9, 10, 13, 16, 18, 19, 22); **Eberhard Urban**, Offenbach am Main (132, 139). Einige historische Bilder sind aus privaten Sammlungen übernommen.

Ein großes Dankeschön geht an Kristiane Müller-Urban, der Herrin meines Herzens, für die unermüdliche Hilfe bei der Recherche von Informationen und für die Beschaffung von Bildern.

Herzlichen Dank auch an die Damen Denise Fiehn und Sandra Kunkel-Hofmann vom Bürgeler Reisebüro in Offenbach am Main und an Herrn Oliver Asmussen vom Urbacher Treffpunkt, Seereisen & mee(h)r, in Köln für Hilfe und Hinweise.